Wellensiek | Galuska

Resilienz – Kompetenz der Zukunft

Sylvia Kéré Wellensiek
Joachim Galuska

Resilienz – Kompetenz der Zukunft

Balance halten zwischen Leistung und Gesundheit

BELTZ

Dieses Buch ist auch als E-Book erhältlich:
ISBN 978-3-407-29355-8 (PDF)
ISBN 978-3-407-29383-1 (ePub)

www.beltz.de

Lektorat: Ingeborg Sachsenmeier
Herstellung: Sarah Veith
Satz: text plus form, Dresden
Druck und Bindung: Beltz Bad Langensalza GmbH, Bad Langensalza
Umschlaggestaltung: Lelia Rehm
Umschlagabbildung: © PHB.cz, Fotolia
Printed in Germany

ISBN 978-3-407-36550-7

Inhalt

Info
Beispiel
Übung
Checkliste

Einführung

Unser Anliegen

Wir beide treffen uns in regelmäßigen Abständen, um uns darüber auszutauschen, was wir in unserer Arbeit erleben: Was uns selbst und die Menschen, die wir begleiten, bewegt und umtreibt. Woran viele Personen gerade leiden und wie wir sie unterstützen können. Und welche Möglichkeiten und Chancen wir gerade heute sehen, um neue Potenziale, ob menschlich, wirtschaftlich oder gesellschaftlich, zu entfalten. So entstand auch die Idee zu diesem Buch. Das folgende Gespräch ist eine kurze Zusammenfassung dessen, was uns in den letzten Jahren aufgefallen ist. Es ist die Aufzeichnung eines Treffens in Bad Kissingen im Mai 2013, bei dem wir uns mal wieder die Köpfe heißredeten. Das Gespräch gibt einen guten Überblick über die Inhalte, die wir in dem vorliegenden Buch aufgreifen.

Sylvia Kéré Wellensiek: »Die letzten Monate war ich wieder bundesweit mit einer Vortragsreihe zum Thema Resilienz unterwegs. Wie du weißt, spreche ich über die Herausforderungen und Belastungen, aber auch Chancen und Möglichkeiten unserer heutigen Zeit. Mein Vortrag ist neben meinem fachlichen Input hauptsächlich eine Einladung zur Selbstreflexion und zum gemeinsamen Austausch. Mich fasziniert es, Menschen zuzuhören und zu erfahren, wie sie ihre private und berufliche Welt erleben und mit all den vielen Veränderungen der letzten zehn, 20 Jahre zurechtkommen.«

Joachim Galuska: »Ich habe als Unternehmer im Gesundheitswesen in den letzten 20 Jahren viele Veränderungen erlebt, schöne und auch schwierige Zeiten, und mich immer wieder gefragt, was mein Unternehmen fähig macht, nicht nur zu überleben, sondern sich auch zu entfalten. Und ich habe als Ärztlicher Leiter einiger psychosomatischer Kliniken erlebt, wie Menschen immer mehr an ihren beruflichen Belastungen scheitern, aber in der Therapie auch lernen können, sowohl ihr persönliches als auch ihr berufliches Leben auf eine lebenswerte Weise zu gestalten.«

SW: »Mein Anliegen ist es, einzelne Personen, Teams und Unternehmen darin zu unterstützen, mit ihren individuellen Möglichkeiten und Handlungsspielräumen bewusst und konstruktiv umzugehen. Ich zeige ihnen auf, mit welchen Aufgaben und Bedingungen sie es heute und auch morgen zu tun haben, damit sie ihre innere Haltung und ihre Verhaltensweisen durchdenken und verändern können. Dadurch werden sie fit für ihre jetzige Lebenssituation und auch fit für die Zukunft. Die Betrachtung umfasst gleichzeitig die persönliche, wirtschaftliche und gesellschaftliche Ebene. Widerstandskraft, Belastungsfähigkeit, Flexibilität – letztendlich die bewusste, weitsichtige Steuerung seiner selbst beziehungsweise die balancierte Führung von Projekten und Organisationen sind aus meiner Sicht trainierbar. Allerdings muss zunächst der Bedarf an aktiver Schulung erkannt werden, und dann braucht es in der Umsetzung Engagement und Beharrlichkeit.«

JG: »Auch am Arbeitsplatz sind wir als ganze Menschen anwesend und nicht nur als Funktionsträger. Wir müssen nicht nur leistungsfähig sein, sondern wir wollen auch gesund bleiben und uns selbst verwirklichen und befriedigende Beziehungen mit unseren Kollegen, Vorgesetzten und Untergebenen haben. Die fachliche Kompetenz ist heutzutage eigentlich gar nicht mehr das Problem, sondern vielmehr die persönliche Kompetenz: Wie gut kann ich mich selbst in den verschiedenen Situationen steuern? Wie gut kann ich meine Gefühle regulieren? Wie gut organisiere ich mich? Wie gut kann ich kommunizieren? Wie kann ich meine Kreativität einbringen? Die weichen Faktoren spielen also eine immer größere Rolle, und dafür benötigen wir Aufmerksamkeit, Schulung und Entwicklung.«

SW: »Ich spreche vor den unterschiedlichsten Menschen und in ganz verschiedenen Branchen. Überall zeigt sich mir das gleiche Bild: Ich erlebe Mitarbeiter, ebenso wie Führungskräfte und auch Geschäftsführer, die an sich hochmotiviert und leistungsfähig im Leben stehen, aber durch eine schier unselige Verkettung beruflicher und privater Einflussfaktoren immer mehr an Kraft verlieren. Ob in der Industrie, in der Sozialwirtschaft, im Bildungs- oder Gesundheitswesen, in der Politik und in der Verwaltung – überall begegnen mir Menschen, die nicht im Vollbesitz ihrer körperlichen, mentalen oder emotionalen Stärke agieren. Ich möchte sagen, viele wichtige Rollen in Organisationen und auch in unserer Gesellschaft sind von Menschen besetzt, die sich am Anschlag ihrer persönlichen Belastungsfähigkeit bewegen und mit ihrer physischen und psychischen Gesundheit ringen. Dabei handelt es sich um Führungskräfte, aber auch Mitarbeiter, Ärzte, Lehrer, Polizisten, Pflegekräfte, Rettungssanitäter, Verwaltungsbeamte und Politiker. Das bedeutet, dass jeder für sich in der Verantwortung steht, seine bisherigen Denk- und Handlungsweisen auf den Prüfstand zu stellen.«

JG: »Das Problem ist die Außenorientierung, die einseitige Orientierung an Leistung, Zielerreichung, Ergebnisverwirklichung. Die Jahresziele setzen unter Druck, wenn nur das wirtschaftliche Quartalsergebnis entscheidend ist. Die Werte, an denen wir uns hier orientieren, die uns prägen und uns treiben, sind wirtschaftlicher Art, finanziell bestimmt, effizienzorientiert. Die Gratifikation dafür ist ebenfalls finanzieller Art, ein materieller Vorteil, ein Statussymbol oder mehr Anerkennung. Doch dabei übersehen wir die Belastung, die das bedeutet. Wir achten nicht auf die Notwendigkeit, uns innerlich zu balancieren, und wir ignorieren die inneren Signale. Wir trauen uns nicht, unsere Schwäche zu fühlen oder sie gar zuzugeben. Aber dies beginnt sich scheinbar zu ändern.«

SW: »Wie gut, dass über die Thematik immer offener gesprochen und berichtet wird. Es ist erstaunlich, wie viele Menschen sich während eines Vortrags aktiv einbringen und sich über ihre Sorgen und Nöte äußern. Auf der einen Seite bin ich froh, dass sich Ängste und Hemmungen abbauen, über das Thema psychische Kraft und Gesundheit ehrlich und ungeschönt zu sprechen. Auf der anderen Seite bin ich sehr betroffen, wie viele Menschen sich schon in einem persönlichen Schleudergang bewegen. Da ist der menschliche Kummer, der für die betroffene Person und sein ganzes Netzwerk entsteht. Wer in eine Erschöpfungserkrankung gerät, gleich welche Symptome beziehungsweise Diagnose sie mit sich bringt, ist oft über viele Monate und Jahre eingeschränkt und braucht immens viel Kraft und Geduld, um sich eine neue Lebensbalance aufzubauen. Burnout ist für mich das Ende einer langen Kette. Eine solche Krankheit, die letztendlich die Folgeerscheinung vieler verschiedener Einflussfaktoren ist, bekommt öffentlich aber leider immer noch mehr Aufmerksamkeit als die Beschäftigung mit den Wurzeln dieser Probleme.«

JG: »Burnout ist immer noch akzeptabler als die Folgeerkrankung eines Zusammenbruchs am Ende eines solchen Prozesses, also als eine Depression, eine Suchterkrankung, eine Angststörung oder vielfältige psychosomatische Symptome. Burnout bedeutet für viele, dass sie viel gearbeitet haben, ja zu viel, und jetzt ihre Energien aufgebraucht haben und deswegen erschöpft und ausgebrannt sind. Dies ist gesellschaftlich akzeptabler, als ›depressiv‹ also antriebslos und schwach zu sein und mit dem eigenen Leben nicht zurechtzukommen. Dies passt nicht zu einer High-Speed-Gesellschaft, in der nur der Erfolg zählt. Aber Burnout ist ein langer Prozess, in dem es viele Signale gibt, die mir zeigen, dass ich nicht mehr im Gleichgewicht bin, dass ich mich selbst vernachlässige, dass ich mich zu wenig um mich selbst kümmere. Das eigentlich Entscheidende ist der Verlust des Kontakts zu sich selbst, zu den eigenen tieferen inneren Werten, zu der eigenen Selbstregulationsfähigkeit, zu der Stimme in mir, die weiß, was gut für mich ist. Und dies ist letztlich die Oberfläche einer tieferen gesellschaftlichen Problematik.«

SW: »Mich erschrecken die volkwirtschaftlichen Konsequenzen. Wir sprechen zumeist über die Gefahren einer Finanz- beziehungsweise Eurokrise, die die wirtschaftliche Stabilität und Wettbewerbsfähigkeit Deutschlands ins Wanken bringen kann. Aus meiner Perspektive schwächen wir unsere Leistung und Zukunftsfähigkeit noch auf ganz anderen Gebieten. Die meisten Unternehmen sind heutzutage von der Gesundheit, dem Engagement, der Kreativität, der Kommunikationsfähigkeit und Veränderungsbereitschaft ihrer Mitarbeiter abhängig. Das heißt: Weniger die Maschinen, sondern vielmehr die Menschen machen das Kapital einer Firma aus. Aber diese Tatsache wird in vielen Fällen als weicher Faktor abgetan und Gesundheit gilt als »Privatsache«. An dieser Stelle spüre ich meine größte Betroffenheit, weil mir das so absurd erscheint. Während sich Wirtschaft und Politik hauptsächlich mit den materiellen Faktoren nachhaltigen Wirtschaftens beschäftigen, gerät gleichzeitig die größte Ressource unserer Welt ins Wanken: die psychische und physische Gesundheit und Leistungsfähigkeit vieler Menschen. Sie bauen sich im Moment gravierend ab, wie die Berichte in allen Medien zeigen. Wer spricht über diese Ressource Mensch, die letztendlich der ausschlaggebende Faktor in unserer Zukunftsentwicklung sein wird?«

JG: »Im internationalen Wettbewerb besitzen die Firmen heutzutage alle das entsprechend notwendige fachliche Know-how. Und auch die Managementkompetenzen und -tools sind international verbreitet und machen keinen großen Unterschied. Aber einen Unterschied machen die Menschen in den Betrieben: Wie kreativ sind sie? Wie innovativ sind sie? Wie kooperativ sind sie? Wie lebendig sind sie? Wie gesund sind sie? Wie begeistert sind sie? Die Funktionen und Strukturen werden schwach, wenn überforderte und überlastete Führungskräfte und Mitarbeiter in ihnen arbeiten, und sie werden stark und produktiv, wenn – sagen wir es einmal so – resiliente Führungskräfte und Mitarbeiter darin tätig sind.«

SW: »Wir müssen uns aktiv damit beschäftigen, wie wir von innen heraus widerstandsfähig werden, um mit der veränderten Arbeitswelt zurechtzukommen. Die Arbeitsverdichtung, der zunehmende Informationsfluss, die ständigen Veränderungen, der erhöhte Arbeitsdruck, aber auch das komplexer gewordene Privatleben werden für uns alle erst einmal so bleiben, eher noch zunehmen. Da gilt es aktiv – aus einem gesunden Menschenverstand heraus – gegenzusteuern! Was nützt uns denn unser ganzer Wohlstand, wenn wir ihn nicht bewusst ausfüllen und genießen können?«

JG: »Das bedeutet zunächst einmal, dass wir versuchen, unsere Teamkultur und unsere Unternehmenskultur so zu gestalten, dass wir uns gegenseitig unterstützen. Viele Studien haben gezeigt, dass das Ausmaß an psychischen Erkrankungen steigt, wenn die soziale Unterstützung, der ›Social Support‹ am Arbeitsplatz gering ist.«

SW: »Der Anstieg der psychosozialen Erkrankungen in Deutschland ist ein deutliches Zeichen dafür, dass das Gleichgewicht zwischen Herausforderung und Kompetenz bei vielen Personen, in Teams und ganzen Organisationen im Moment außer Balance geraten ist. Neben den aufrüttelnden Zahlen von Krankheitstagen und Frühverrentungen schlägt immer mehr das Phänomen des Präsentismus zu Buche. Menschen sind zwar körperlich anwesend, aber ihr Verstand, ihr Herz und ihre Seele sind nicht wirklich greifbar beziehungsweise leistungsfähig.«

JG: »Präsentismus bedeutet ja nicht nur, zur Arbeit zu gehen, obwohl man krank ist, zum Beispiel eine schwere Grippe hat und eigentlich ins Bett gehört, weil man nicht fehlen darf und Angst hat, Nachteile zu erleiden, wenn man sich krankmeldet. Präsentismus bedeutet eigentlich, dass man mit weniger Leistungsfähigkeit am Arbeitsplatz anwesend ist, weil man nicht ganz gesund ist oder unter einer chronischen Erkrankung mit gewissen Einschränkungen leidet, deren Ausmaß aber nicht so groß ist, dass es eine Arbeitsunfähigkeit rechtfertigt. Im Sinne voller Leistungsfähigkeit, ohne jegliche Krankheitsaspekte, am Arbeitsplatz tätig sind nach vielen Studien nur etwa 30 Prozent aller Berufstätigen. Alle anderen sind mehr oder weniger eingeschränkt. Dies gehört zu unserem normalen Berufsalltag, und wir brauchen eine Kultur des Umgangs damit. Unternehmen müssen lernen, Menschen zu helfen, auch mit gewissen Einschränkungen sich gut am Arbeitsplatz einbringen zu können. Sie brauchen ein Gesundheitsmanagement, in dem solche Fragen offen thematisiert werden können.«

SW: »Ich höre von so vielen meiner Seminarteilnehmer, wie sie langsam in ihre Erschöpfungserkrankungen reinrutschen. Die meisten merken schon lange, dass sie nicht mehr richtig leistungsfähig sind und immer gereizter und dünnhäutiger werden. Eine Vielzahl von Symptomen machen dem Einzelnen, aber auch seinem privaten und beruflichen Umfeld klar, dass in seinem Kräftehausalt ein ernst zu nehmendes Ungleichgewicht entsteht. Wer diese Anzeichen wahrnimmt und den Mut hat, sie offenzulegen, kann auf vielen verschiedenen Ebenen aktiv gegensteuern. Allerdings wird Prävention in unserem Gesundheitsverständnis und auch im Gesundheitssystem immer noch klein geschrieben. Es gibt viel zu wenige Behandlungsplätze für psychisch angeschlagene Menschen, und die Folgekosten solcher Erkrankungen sind immens hoch. Mit gezielt eingesetzten Präventionsmaßnahmen kann man so viel Leid abwenden und natürlich auch eine Menge Geld sparen.«

JG: »Deswegen wären viele Unternehmen gut beraten, eine Betreuungskette aufzubauen, die bereits frühzeitig ansetzt, wenn Menschen in einen solchen Erschöpfungsprozess hineingeraten. Dies kann durch ein Coaching, eine individuelle Beratung oder durch einen entsprechend geschulten Betriebsarzt geschehen.

Präventive Resilienztrainings bieten die Möglichkeit, Mitarbeiter und Führende umfassend darin zu schulen, bewusst und kooperativ mit höheren Arbeitsbelastungen umzugehen. Sollten schwerere Erkrankungen auftreten, benötigen Unternehmen Kooperationspartner im ambulanten Sektor, mit denen Vereinbarungen bestehen für einen zügigen Termin, um eine fachliche Beratung oder gar Behandlung zu ermöglichen. Und schließlich braucht es in der Kette auch stationäre Einrichtungen, die kurzfristig und nicht erst nach langfristiger Chronifizierung intervenieren können. Eine solche Versorgungskette aufzubauen wäre durchaus möglich, und ich bin überzeugt davon, dass man auch die eine oder andere Krankenkasse dafür gewinnen könnte, dies zu unterstützen.«

SW: »Durch vermehrte Krankenstände, schmerzhafte Verluste wichtiger Mitarbeiter und auch durch das Phänomen des Präsentismus wachen immer mehr Firmen auf und bieten erste Schulungsmaßnahmen an. Zumeist richtet sich das Angebot aber an einzelne Mitarbeiter: Er soll ein besseres Selbstmanagement lernen und auf seine Kräfte achten. Dies ist aus meiner Sicht ein erster, guter Schritt, aber dann braucht es selbstverständlich den Blick auf die ganze Organisation: Ermöglicht sie überhaupt in ihrer Verzahnung von sachlichen und menschlichen Einflussfaktoren, dass ihre Mitarbeiter gesund bleiben?«

JG: »Angesichts der Bedeutung seelischer und psychosomatischer Erkrankungen in der Arbeitswelt halte ich es für erforderlich, dass Führungskräfte grundsätzlich darin geschult werden, die wichtigsten seelischen Erkrankungen zu kennen, den Burnout-Prozess und seine Dynamik zu verstehen, zu wissen, wie man mit seelischen Störungen umgeht und welche Hilfs- und Behandlungsmöglichkeiten es gibt. Und natürlich wäre es erforderlich, Führungskräfte darin zu schulen, was zu einem Arbeitsplatz beiträgt, an dem man seelisch gesund bleibt.«

SW: »Bedarf an präventiver Resilienzschulung sehe ich in allen Branchen. In manchen Wirtschaftsbranchen ist für solche Schulungsmaßnahmen ein Budget vorhanden. In der Sozialwirtschaft, dem Bildungs- und Gesundheitswesen, also an Arbeitsplätzen, an denen Erziehung, Bildung und Pflege stattfindet, wäre es dringend nötig, flächendeckende Präventionstrainings durchzuführen. Dort steht aber überhaupt kein Geld zur Verfügung. So versuche ich Patenschaften und gemeinsame Projekte anzuregen. Wir alle wünschen uns doch, dass Kinder schon in der Schule von ihren Lehrern abschauen können, wie ein souveräner Umgang mit Stress, Belastung und Komplexität funktioniert. Auch möchten wir im Krankenhaus wache, achtsame Ärzte und Krankenschwestern antreffen, die uns bei Schmerz und Erkrankung gut und richtig behandeln. Und in den Pflegeheimen erhoffen wir uns fachkompetente, liebevolle Begleiter unserer Eltern oder für uns selbst. Die Wirklichkeit schaut komplett anders aus! Gerade in diesen Bereichen stehen viele Mitarbeiter durch veränderte Arbeitsbedingungen und die Ökonomisierung aller Arbeitsprozesse enorm unter Druck. Für die aufmerksame Begegnung mit dem einzelnen Menschen bleibt kaum mehr Zeit und Kraft. Auch an dieser Stelle sollten wir gesellschaftlich sehr genau aufpassen, welche Werte uns wichtig sind – und welche wir überhaupt noch leben.«

JG: »Gesellschaftlich gesehen, benötigen wir überhaupt und grundsätzlich ein größeres Wissen über Gesundheit, einen guten Umgang mit Krankheiten und wie wir uns im Gesundheitssystem am besten bewegen. Als Patienten sind wir oft überfordert und fühlen uns dem Medizinsystem ausgeliefert. Aber Gesundheit ist ein fundamentaler Wert für die meisten Menschen, und dieser benötigt vielmehr Aufmerksamkeit, als wir ihm schenken, wenn wir nicht krank sind. Deswegen wäre es gut, wenn wir schon als Kinder im Kindergarten und in der Schule lernen würden, was eine gesunde Lebensführung ist, wie wir einfache von schwierigen Krankheiten unterscheiden können und wie wir mit Fachleuten umgehen. Vielleicht wäre ein Schulfach ›Gesundheit‹, das sich durch alle Schultypen und alle Altersstufen zieht, ein Ansatz, der eine bessere Voraussetzung dafür liefert, dass wir im Arbeitsleben offener mit unserer seelischen Gesundheit umgehen können.«

SW: »Das Thema Resilienz birgt neben dem Präventionsgedanken noch so viele weitere, spannende Facetten. Man kann die Selbststeuerung der einzelnen Person betrachten, die Interaktion von Gruppen, Familien, Arbeitsteams, bis hin zu Strategien und Steuerungen von ganzen Organisationen und Gesellschaften. Das Konzept der inneren Widerstandskraft, Flexibilität und Belastungsfähigkeit ist aus der Betrachtung von Krisenbewältigungen entstanden. Dort ist es hervorragend einzusetzen. Es trägt aber noch eine viel größere, weiterführende Perspektive in sich: Wie können wir einzeln und auch kollektiv lernen, ein ausbalanciertes, bewusstes, erfülltes, glückliches Leben zu führen?«

JG: »Letztlich geht es darum, dass wir unsere Kompetenz weiterentwickeln, nicht nur unser Leben zu bewältigen, gesund zu bleiben oder mit Krankheit umgehen zu können, sondern auch, unser Leben gestalten zu können auf eine Weise, die nicht nur für uns persönlich, sondern auch für uns alle wertvoll erscheint und letztlich unserer würdig ist.«

SW: »Lass uns doch unsere Erfahrungen und Gedanken gemeinsam aufschreiben. Ich möchte von meinen täglichen Erlebnissen berichten: Was ich sehe und erlebe, was mich erschreckt und aufrüttelt, was mir schwer zu denken gibt und was mich gleichzeitig sehr hoffnungsfroh und optimistisch stimmt. Mit meinen Blickpunkten möchte ich Mut machen und anregen, genau hinzuschauen. Symptome in einzelnen Bereichen gehören im Kontext eines größeren Ganzen betrachtet. Deswegen sollten wir zunächst den Mensch in seiner individuellen Situation betrachten, aber auch unsere wirtschaftliche und gesellschaftliche Situation hinzuziehen. Diese Ebenen verweben sich in meiner Arbeit die ganze Zeit. Es ist sicher spannend, wenn wir unsere beiden Perspektiven vergleichen: Du als Unternehmer und Arzt mit eigener, großer Organisation, und ich als Coach und Trainerin, die in den verschiedensten Kontexten tätig ist.«

Resilienz – ein Kompetenzbündel, um Komplexität zu meistern

Was ist Resilienz?

Widerstandskraft, Belastungsfähigkeit und Flexibilität, all diese Eigenschaften, die wir heutzutage dringend brauchen können, werden mit dem Begriff Resilienz umschrieben.

Es ist ein Grundgedanke, der aus der Werkstoffkunde stammt, und er schildert die Fähigkeit eines Stoffs, nach einer Verformung durch Druck- oder Zugeinwirkung wieder in seine alte Form zurückzukehren. Das Material übersteht Verformungen, ohne dabei die eigene, ursprüngliche Form einzubüßen.

Diese Bezeichnung veranschaulicht also die Fähigkeit eines Systems, von außen und innen kommende Irritationen ausgleichen oder ertragen zu können, ohne dabei kaputtzugehen.

Die Kinderpsychologie kennt diesen Terminus schon länger und beschreibt damit die innere Kraft von Kindern oder Jugendlichen, trotz schwieriger Lebensumstände in eine gute Entwicklung zu finden.

Im Lateinischen existiert die Vokabel »resilire«, sie bedeutet »zurückspringen« oder »abprallen«. Im Deutschen ist keine allgemein gültige Definition für dieses Wort vorhanden – es wird als Synonym für Widerstandsfähigkeit, Belastbarkeit oder Elastizität verwendet. Das assoziierte Bild dabei ist das Stehaufmännchen, das sich aus jeder beliebigen Lage wieder aufzurichten vermag, um in seine alte Balance zurückzukehren.

Wir Menschen verfügen allerdings über eine weitaus höhere Fähigkeit. Wenn uns Belastungen, Lebenskrisen oder gar Schicksalsschläge zu Boden drücken und beuteln, können wir durch

Verarbeitung dieses leidvollen Geschehens nicht nur in eine alte, »gesunde« Form unserer selbst zurückkehren, sondern uns eine weitaus höhere Lebensqualität erschließen.

Eigenschaften eines resilienten Menschen

Vor fast 60 Jahren forschte die Amerikanerin Emmy E. Werner, eine amerikanische Entwicklungspsychologin, erstmalig zum Thema Resilienzfaktoren und erstellte eine spannende Längsschnittstudie. Sie begleitete über 40 Jahre lang die Entwicklung von ungefähr 700 Kindern, die im Jahre 1955 auf der Hawaii-Insel Kauai geboren wurden. All diese Kinder wuchsen unterschiedlich auf: Die einen sehr wohlbehütet und in einem geschützten, liebevollen Umfeld. Andere dagegen unter schwierigsten Bedingungen in ihrem Elternhaus und ihrer Umgebung. Wider alle Erwartungen konnte ein Drittel der vorbelasteten Risikokinder einen erfüllten, stabilen Lebensweg einschlagen.

Die Längsschnittstudie deckte Einflussfaktoren auf, die das Risiko von psychosozialen Störungen und Erkrankungen mildern beziehungsweise einschränken können:

- angeborene Eigenschaften des Individuums
- Fähigkeiten, die der Einzelne in Interaktion mit seiner Umwelt erwirbt
- umgebungsbezogene Faktoren

Innere Widerstandskraft, Selbstbewusstsein, Gelassenheit und Souveränität lassen sich durchaus kraftvoll fördern, wenn man auf verschiedenen Ebenen gleichzeitig ansetzt: bei der Beziehung zu sich selbst, beim Kontakt zu anderen Menschen und bei der aktiven Gestaltung der umgebenden Einflussfaktoren. Resilienz ist keine Eigenschaft, die uns Menschen ausschließlich von Natur aus in die Wiege gelegt wird. Sie ist eine Veranlagung, die in jedem Menschen unterschiedlich ausgeprägt ist und aktiv angestoßen und gestärkt werden kann.

> *»Resilienz ist kein statischer Zustand, sondern ein Prozess, der von Dynamik und Wechselwirkung geprägt ist. Stehaufmenschen haben gelernt, diesen Prozess an entscheidenden Stellen konstruktiv zu beeinflusssen.« (Ulrich Siegrist, Martin Luitjens, 2011, S. 39)*

In den letzten Jahrzehnten wurden der Resilienz unterschiedliche Eigenschaften zugeordnet. Die US-amerikanischen Wissenschaftler Karen Reivich und Andrew Shatté postulierten zum Beispiel 2003 in ihrem Buch »The Resilience Factor« sieben Faktoren, um Veränderungen besser bewältigen zu können. Diese sieben »Säulen« sind tragfähige Eigenschaften, um Krankheiten, Verluste, Überbelastungen, Probleme im Privat- oder Berufsleben besser meistern zu können:

- Optimismus
- Akzeptanz
- Lösungsorientierung
- Opferrolle verlassen
- Verantwortung übernehmen
- Netzwerkorientierung
- Zukunftsplanung

Diese internen und externen Ressourcen definierten sie als Standbeine, auf denen der Mensch sicher durch Krisen wandern kann. Je mehr Beine eine Person ausgeprägt hat, umso fester steht sie und gerät nicht ins Wanken.

Den Begriff Gesundheit genauer betrachten

Im Zusammenhang mit dem Burnout-Prozess wird Resilienz als Schutzfaktor gesehen. Das Gegenstück zur Resilienz ist die Vulnerabilität – die Verletzlichkeit eines Menschen – die sowohl genetisch begründet als auch lebensgeschichtlich verursacht sein kann. In einem modernen gesundheitswissenschaftlichen Verständnis wirken Belastungen beispielsweise psychosozialer Art am Arbeitsplatz auf einen Menschen, der eine gewisse Vulnerabilität und eine gewisse Resilienz besitzt, um diese Belastungen zu verarbeiten. Bei hoher Vulnerabilität und geringer Resilienz kann es dann zu einer Überlastung kommen – mit den entsprechenden Folgen.

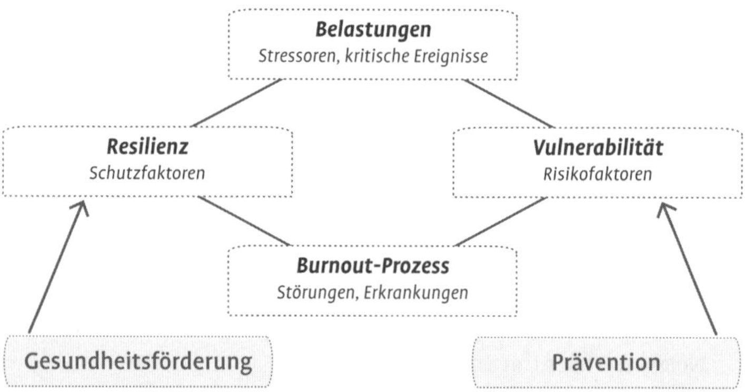

Nach dem in der Abbildung dargestellten Modell kann man sowohl an der Vulnerabilität ansetzen und versuchen, Risikofaktoren zu reduzieren, beispielsweise Suchtverhalten, Übergewicht, Bewegungsmangel. Oder man kann die Schutzfaktoren erhöhen durch Maßnahmen der Gesundheits- und Resilienzförderung.

Der Präventionsbegriff bezieht sich heute zunehmend auf die direkte Krankheitsvermeidung, der Begriff der Gesundheitsförderung auf die Salutogenese, also die unmittelbare Verbesserung der Gesundheit. Diese Betrachtung folgt dem zweidimensionalen Konzept von Krankheit und Gesundheit als relativ unabhängige Faktoren, die unterschiedliche Strategien erfordern.

Organisationale und persönliche Resilienz hängen eng zusammen

Resilienzförderung ist jedoch nicht nur Gesundheitsförderung, denn der Resilienzbegriff wird gegenwärtig zunehmend erweitert über die Widerstandsfähigkeit und die allgemeine innere Stärke hinaus zur grundsätzlichen und allgemeinen psychosozialen Kompetenz. Damit ist die Fähigkeit gemeint, sich selbst zu regulieren, zu steuern, sein eigenes Leben gemäß der eigenen Fähigkeiten und Werte zu gestalten. Darüber hinaus bezieht sich der Resilienzbegriff auch auf die Fähigkeit, Teams und ganze Organisationen auch durch Krisensituationen hindurch nachhaltig und erfolgreich manövrieren zu können.

Resilienz ist damit auch eine Kompetenz zur Kooperation und zur Innovationsfähigkeit eines Unternehmens, um sich flexibel und kreativ weiterzuentwickeln. Man spricht daher von Systemresilienz und meint damit das kompetente und nachhaltige Handeln gemäß der wesentlichen Werte eines Unternehmens, einer Organisation, einer Kommune, einer Gesellschaft oder gar unser globalen Gemeinschaft. In diesem Sinne bezieht sich Resilienz auf unsere Widerstandsfähigkeit, Stärke und Kompetenz, mit den Veränderungen der Natur, des sozialen Gefüges und unserer wirtschaftlichen Situationen umzugehen.

Folgt man diesem Ansatz, dann zeigt uns die Burnout-Problematik die Notwendigkeit auf,

- Menschen zu behandeln, die auf dem Weg in behandlungsbedürftige psychische oder psychosomatische Erkrankungen sind.

- präventiv bereits früher in diesem Prozess durch Aufklärung, Beratung, Coaching, Stressmanagement, Resilienztraining und Gesundheitsschutz wirksam zu werden.
- Resilienz und psychosoziale Gesundheit als zukunftsrelevante Kompetenz und Entwicklungsfähigkeit beispielsweise einer Organisation oder eines Unternehmens zu verstehen und strategisch anzugehen.

Damit ist beispielsweise die Förderung von geistiger Leistungsfähigkeit, Kreativität, Selbstführung und Selbstmanagement, innere Strukturiertheit, Kommunikationskompetenz, Teamfähigkeit und Beziehungsfähigkeit gemeint. Führungskräfte und Mitarbeiter eines Unternehmens, die diese Kompetenzen besitzen, stellen in einer Wissensgesellschaft erst das eigentliche Kapital eines Unternehmens dar. Im gegenwärtigen Wandel von der Industriegesellschaft zur Wissensgesellschaft geht es nicht mehr darum, Informationen zur Verfügung zu stellen und zu nutzen, sondern sie auch selektieren, interpretieren und verarbeiten zu können. Und dies ist immer weniger eine Angelegenheit der Informationstechnologie, sondern der Anwendung des damit verbundenen Wissens. Mit diesem Wissen jedoch kooperativ, kreativ und innovativ umgehen zu können, ist ein zukunftsweisender Schritt.

Vielleicht befinden wir uns in diesem Sinne sogar an der Schwelle zur Entwicklung von Weisheitsgesellschaften, denn die Dialogfähigkeit, die Kreativität und die Fähigkeit, das eigene Wissen besonnen einsetzen zu können, sind sicherlich wichtige Merkmale von Weisheit. Und Weisheit ist etwas anderes als konventionelle Managementkompetenz.

Der Unternehmenserfolg börsennotierter Unternehmen scheint heute weitgehend von der strategischen und organisatorischen Kompetenz des Topmanagements abhängig zu sein, für die sie jedenfalls entsprechend hoch bezahlt werden müssen. In Zukunft werden Führungskräfte erfolgreicher Unternehmen neben ihrer fachlichen und Managementkompetenz besonders eine ausgeprägte psychosoziale Kompetenz besitzen müssen, denn sie haben komplexe Anforderungen zu bewältigen.

> *»Beim Thema Führung geht es heute ja nicht mehr darum, auf ruhigem Wasser Ruderboot-Mannschaften nach genau definierten Regeln gegen die Konkurrenz-Boote anzutreiben. Vielmehr müssen Führungskräfte mit ihren Teams in Schlauchbooten durch unberechenbare Wildwasser navigieren. Die Gefahren hinter der nächsten Kurve können nur bewältigt werden, wenn alle blitzschnell, flexibel und furchtlos agieren, mit einem klaren Blick auf das gemeinsame Ziel.« (Alexandra Altmann im Vorwort des Buches »Führen unter neuen Bedingungen« von Stephen Covey, 2010)*

Fundierte Resilienzförderung braucht ganzheitliches Verständnis und Vorgehen

Die Komplexität dieser Zusammenhänge macht deutlich, dass es zur fundierten, nachhaltigen Resilienzförderung ein klar strukturiertes, in sich vernetztes System braucht, das einen kontinuierlichen Lern- und Entwicklungsprozess auf allen Ebenen ermöglicht. Unsere Erfahrungen mit solch einem ganzheitlichen Entwicklungsprozess von Menschen und Organisationen werden wir im Laufe dieses Buches beispielhaft detailliert darlegen.

Die bewusste, proaktive Beschäftigung und Auseinandersetzung mit dem Thema schenkt Einzelpersonen, Teams und Organisationen die Möglichkeit, sich von Herausforderungen nicht an die Wand fahren oder ständig vor sich hertreiben zu lassen. Resilienz denkt positiv. Schwierigkeiten und Probleme werden genau wahrgenommen und analysiert, aber das Spielfeld wird nicht diesen belastenden Faktoren überlassen. Zielgerichtet und konsequent werden Lösungsmöglichkeiten und Handlungsspielräume gefunden und ausgefüllt.

So birgt dieses Kompetenzbündel viele Möglichkeiten, an der Komplexität und Geschwindigkeit unserer heutigen Berufs- und Privatwelt nicht auszubrennen und zu erkranken, sondern die Chancen und Möglichkeiten unserer spannenden Zeit zu ergreifen und aktiv zu gestalten. Wir sollten uns mit dieser Fähigkeit intensiv beschäftigen – jetzt! – denn unzählige Studien und Umfragen der letzten Jahre decken auf, dass viel zu viele Menschen mit ihrer Lebensgestaltung nicht zurechtkommen und psychisch wie physisch erkranken.

Zur psychosozialen Lage in Deutschland

Zunächst einmal kurz zusammengefasst: Was ist Burnout?

Burnout

In der internationalen Klassifikation der Erkrankung erscheint Burnout lediglich als Zusatzdiagnose. Z73.0: »Probleme verbunden mit Schwierigkeiten bei der Lebensbewältigung«. In der ICD wird lediglich ausgeführt: »Ausgebranntsein, Burnout, Zustand der totalen Erschöpfung«.

Christina Maslach, die den wohl am häufigsten eingesetzten Fragebogen in der Burnout-Forschung, das Maslach-Burnout-Inventory (1986), entwickelt hat, fasst die Symptome in drei Kategorien zusammen:

- **emotionale Erschöpfung** mit Kraftlosigkeit, Antriebsschwäche und Reizbarkeit
- **Depersonalisation** mit den Gefühlen von Fremdheit und Distanz zu sich selbst und seiner Umwelt und
- **Leistungsunzufriedenheit** beziehungsweise **Misserfolgserleben**, trotz übermäßiger Anstrengungen und Anspannung.

Trotz umfangreicher Forschung wird Burnout aber heute weniger als eine eigene Diagnose betrachtet, sondern eher als Burnout-Prozess, als Entwicklung. Bekannt geworden ist das Phasenmodell von Herbert Freudenberger (1992), das sich, verkürzt dargestellt, in vier Phasen darstellen lässt:

Überaktivität Diese Phase ist gekennzeichnet durch ein extremes Leistungsstreben, um sich selbst etwas zu beweisen oder Erwartungen zu erfüllen. Eigene Bedürfnisse oder Probleme werden verleugnet und übergangen.

Reduziertes Engagement Hier entstehen zunehmend negative Einstellungen zur Arbeit, zu den anderen Menschen und zu sich selbst. Selbstzweifel, Rückzug und Ängstlichkeit beginnen in den Vordergrund zu treten.

Abbau der Leistungsfähigkeit Konzentrationsschwierigkeiten, Entscheidungsunfähigkeiten, Gereiztheit, Stimmungseinbrüche, Schuldgefühle bewirken Ineffizienzen. Kompensationsversuche durch übermäßiges Essen, Alkohol, Drogen, Sexualität und soziale Medien werden zunehmend erfolglos.

Verzweiflung und Depression Dies ist die eigentliche Dekompensation, sehr häufig in Form von depressiven Erkrankungen, aber im Grunde abhängig von dem eigenen typischen Dekompensationsmuster, das sich auch in Form von Angststörungen, Suchtentwicklung oder psychosomatischen Erkrankungen äußern kann.

Beurteilen Sie sich selbst

	gar nicht 1	2	3	4	sehr 5
Empfinde ich einen Drang mich zu beweisen?	☐	☐	☐	☐	☐
Nehme ich wenig Rücksicht auf eigene Bedürfnisse?	☐	☐	☐	☐	☐
Habe ich das Gefühl abzustumpfen und härter zu werden?	☐	☐	☐	☐	☐
Wird meine Einstellung zur Arbeit negativer?	☐	☐	☐	☐	☐

	gar nicht 1	2	3	4	sehr 5
Werde ich zunehmend gereizter und aggressiver in der Arbeit?	☐	☐	☐	☐	☐
Nimmt meine Konzentrations- und Leistungsfähigkeit ab?	☐	☐	☐	☐	☐
Ziehe ich mich immer mehr in mich selbst zurück?	☐	☐	☐	☐	☐
Empfinde ich zunehmend Sinnlosigkeit und existentielle Verzweiflung?	☐	☐	☐	☐	☐

Auswertung

Werden Werte mit 4 und 5 angegeben, sind dies Hinweise für einen Burnout-Prozess. Dabei deuten die ersten Fragen auf einen beginnenden Burnout-Prozess hin und die letzten Fragen auf einen schon fortgeschrittenen Burnout-Prozess.

Je weiter unten im ersten Abschnitt mit 4 oder 5, also einer hohen Symptombelastung geantwortet wird, umso fortgeschrittener ist der Prozess.

Der Burnout-Prozess endet also in einer dann auch als solche diagnostizierbaren psychischen Erkrankung. Aus unserer Sicht besteht das Hauptproblem dieses Prozesses darin, den Kontakt zu sich selbst, zum eigenen Werteverständnis, zur eigenen Seele verloren zu haben und damit die Kriterien, mit denen ein Mensch sein Leben und sein Erleben ordnet, strukturiert und balanciert, nicht mehr ausreichend wahrzunehmen. Dieser Verlust des inneren Spürens bedeutet, die inneren Signale nicht mehr zu beachten, die in Überlastungssituationen auftreten. So geraten Betroffene in ein hyperaktives Handlungsmuster, das sie nicht mehr ausreichend regulieren. Während sie diese Verhaltensweisen durch übermäßige Anstrengung noch eine Weile aufrechterhalten können, brechen die Kompensationsmuster dann relativ plötzlich zusammen und die Betroffenen empfinden sich als »ausgebrannt«. Die folgende Abbildung zeigt diesen Verlauf.

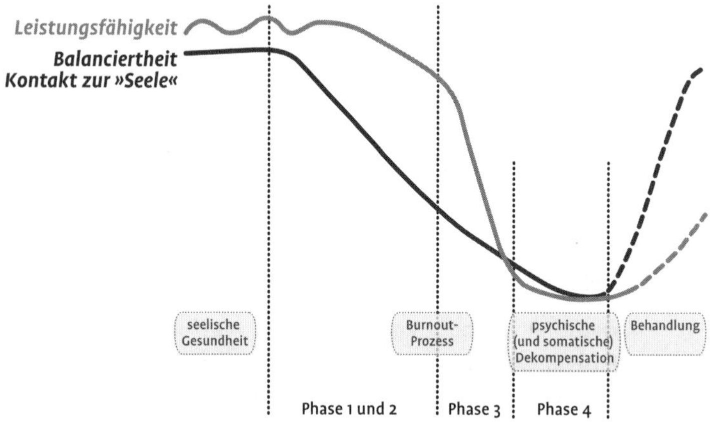

In einer Kultur übertriebener Leistungsorientierung, der Orientierung an äußeren Zielen, der Funktionalisierung unserer Lebensvollzüge und der Abwertung menschlicher Schwächen erfahren die Menschen in diesem Prozess keine wirkliche soziale Unterstützung, zumal das Umfeld in der Regel ebenfalls wenig Gespür für tiefer gehende Signale und Bedürfnisse unserer Seele besitzt. Bei einer Dekompensation ist dann schließlich eine fachgerechte Behandlung erforderlich. Dabei erweist sich leider oft, dass eine ambulante Behandlung häufig nur noch den sprichwörtlichen Tropfen auf dem heißen Stein bedeutet und eine Herausnahme aus dem Überforderungsfeld nötig ist. Eine Klinik stellt dann ein heilendes Feld des Sich-Wiederfindens und der Kontaktaufnahme zu authentischen Wahrnehmungen dar.

Burnout ist weit verbreitet, die Krankheit betrifft schon lange nicht mehr nur eine bestimmte Berufsgruppe. Die Situation in Deutschland ist typisch für die westliche Welt. Die Zahlen sind im Grunde bekannt, und sollten uns menschlich, wirtschaftlich und gesellschaftlich aufrütteln.

Etwa 20 bis 30 Prozent unserer Bevölkerung entwickeln innerhalb eines Jahres eine psychische Störung. Der folgende Überblick aus einer Zusammenfassung wissenschaftlicher Studien von Professor Hans-Ulrich Wittchen und seinen Mitarbeitern aus dem Jahr 2011 zeigt den aktuellen Stand für die Europäische Union.

Geschätzte Zahl der in den letzten 12 Monaten von psychischen Störungen betroffenen 18- bis 65-jährigen Personen in der EU, 2011

Diagnose (DSM-IV)	12-Monats-Schätzung 2011 (%)	12-Monats-Schätzung 2011 (Mio.)
Alkoholabhängigkeit	3,4	14,6
Psychotische Störungen	1,2	5,0
Depressionen	6,9	30,3
Bipolare Störungen	0,9	3,0
Panik-Störungen	1,8	7,9
Agoraphobie	2,0	8,8
Soziale Phobie	2,3	10,1
Generalisierte Angststörung	1,7 – 3,4	8,9
Spezifische Phobien	6,4	22,7
Zwangsstörungen	0,7	2,9
Somatoforme Störungen	4,9	20,4
Essstörungen (Magersucht)	0,2 – 0,5	0,8
Psychische Störungen insgesamt	**27,1**	**118,1**

Auszüge einer Zusammenfassung wissenschaftlicher Studien von H.-U. Wittchen u. a. (2011): The size and burden of mental disorders and other disorders of the brain in Europe 2010. European Neuropsychopharmacology 21, Nr. 12, S. 655–679.

Aus dieser Übersicht lässt sich erkennen, dass Depressionen und Angststörungen am häufigsten vertreten sind. Viele Studien zeigen, dass nur die Hälfte dieser Erkrankungen überhaupt richtig erkannt wird und wiederum nur die Hälfte der erkannten Erkrankungen überhaupt eine Behandlung erhält. Meistens sind es Medikamente, nur in einem geringen Prozentsatz Psychotherapie. Der

Spontanverlauf psychischer Erkrankungen ist jedoch ungünstig: Nur 23 Prozent verbessern sich, 46 Prozent zeigen keine Veränderung und 31 Prozent verschlechtern sich (Franz u.a. 2000).

Die Anzahl der Krankheitstage aufgrund psychischer Erkrankungen steigt bei allen Krankenkassen kontinuierlich an, während die Zahl der Krankheitstage über alle Diagnosen hinweg eher abnimmt. Psychische Erkrankungen gehören inzwischen zu den Krankheiten mit den meisten Fehltagen. 15 bis 20 Prozent (je nach Krankenversicherung) aller krankheitsbedingten Fehltage entfallen 2012 auf psychische Erkrankungen, 2001 waren es 6,6 Prozent. Dabei ist übrigens auffällig, dass die Dauer der einzelnen Krankschreibungen aufgrund psychischer Erkrankungen über die Jahre hinweg relativ konstant bleibt. Der Anstieg der Arbeitsunfähigkeitstage durch eine psychische Erkrankung geht somit vor allem auf einen Anstieg der Arbeitsunfähigkeitsfälle zurück. Dies ist sowohl bei Männern als auch bei Frauen so, wobei die Anzahl der durchschnittlichen Krankheitstage bei Frauen fast doppelt so hoch ist wie bei Männern. Außerdem ist die Zahl der Krankheitstage durch psychische Erkrankungen bei Menschen über 45 Jahren praktisch doppelt so hoch als bei jüngeren. Betroffen sind vor allem Berufe im Sozial- und Gesundheitswesen. Auffällig ist aber, dass Arbeitslose extrem hohe Werte von Krankheitstagen aufgrund von psychischen Erkrankungen besitzen. Arbeitslose Männer sind rund fünfmal, arbeitslose Frauen rund viermal so häufig wegen psychischer Erkrankungen arbeitsunfähig als ihre jeweils beschäftigten Vergleichsgruppen.

Die Anzahl der Rentenneuzugänge aufgrund psychischer Erkrankungen steigt ebenfalls kontinuierlich an. Bei beiden Geschlechtern sind schon seit mehreren Jahren psychische Erkrankungen die häufigsten Diagnosegruppen für vorzeitige Berentungen (42 Prozent im Jahr 2012). Dies betrifft auch stärker die Frauen, nämlich mit 48,5 Prozent aller Rentenneuzugänge gegenüber 35,9 Prozent bei Männern (nach Zahlen der DRV Bund für 2012).

Die Zahlen sind erschütternd, denn hinter ihnen stecken Menschen und ihre persönlichen Schicksale. Es betrifft uns selbst, unsere Familien, unsere Kollegen am Arbeitsplatz und die Menschen um uns herum. Um meine Erschütterung zum Ausdruck zu bringen, habe ich (Joachim Galuska) im Herbst 2010 zusammen mit 21 leitenden Ärzten psychosomatischer Kliniken einen Aufruf zum gesellschaftlichen Dialog über die »psychosoziale Lage in Deutschland« formuliert und veröffentlicht. Dieser Aufruf sollte ein Weckruf sein zum Innehalten und zur Besinnung. Wir wollten nicht bestimmte gesellschaftliche Sektoren für diese dramatische und bisher nicht angemessenen erkannte Entwicklung verantwortlich machen, sondern zu einem offenen, gesellschaftlichen Dialog über die psychosoziale Lage, die möglichen Verursachungen und sinnvolle Handlungsansätze aufrufen. Über 4 000 Fachleute haben bisher reagiert. Viele haben auch sehr berührende Kommentare abgegeben, die im Internet veröffentlicht sind (www.psychosoziale-lage.de).

Als Ursache für die erschütternde psychosoziale Lage vermuten wir zwei Dynamiken:

Erste Dynamik Angesichts der zunehmenden psychosozialen Belastung des einzelnen Menschen durch die zunehmende Fülle an inneren und äußeren Reizen und Anforderungen erscheint seine Fähigkeit zur Selbststeuerung und Selbstführung zunehmend überlastet und überfordert.

Zweite Dynamik Die Verminderung sozialer Bindungen führt zu zunehmender Unfähigkeit, tragfähige Beziehungen herzustellen, sodass es insbesondere bei psychosozialen Problemlagen oder Krisen leicht zu einer Dekompensation kommen kann.

So zeigt Lynne Friedli, eine Engländerin, die für die WHO arbeitet, den direkten Zusammenhang zwischen dem Ausmaß von sozialer

Unterstützung und dem Auftreten von psychischen Erkrankungen auf. Sie stellt fest: »Mental health is produced socially but is experienced individually« (in einem Vortrag am 18.05.2012 in Bad Kissingen über »Mental Health, Resilience and Inequalities« auf dem Kongress »Wirtschaft und Gesundheit«).

Ein Zusammenhang zwischen diesen beiden Ursachen könnte darin liegen, dass durch die Reduzierung der sozialen Teilhabe an Familie, Dorfzusammenhang und anderen engeren sozialen Beziehungen sich zugleich die regulierende und kontrollierende Funktion der Gemeinschaft auf den Einzelnen ebenfalls reduziert hat. Wenn nun die sozialen Steuerungsformen der psychosozialen Situation des Einzelnen wegfallen, muss die Selbstregulation stärker in den Vordergrund treten. Um es einmal so auszudrücken: Jeder Einzelne ist heutzutage seinen eigenen pathologischen Mustern viel stärker ausgeliefert als früher, wie etwa der Neigung zu viel zu essen und sich ungesund zu ernähren, seinen Suchtmustern (sei es in Bezug auf moderne Medien oder Alkohol), seinen Ängsten, seinen Sorgen über körperliche Missempfindungen oder auch seinen autodestruktiven oder sich selbst herunterziehenden Neigungen.

Die häufigste Reaktion auf den Aufruf zum gesellschaftlichen Dialog über die psychosoziale Lage in Deutschland bezog sich auf das Thema Burnout. Die erste Veröffentlichung Ende Oktober 2010 im Focus hatte den Titel »Burnout-Alarm«. Seit dieser Zeit boomt das Thema Burnout. Burnout ist inzwischen im Gegensatz zur Depression gesellschaftsfähig geworden. Viele meinen: Wenn ich ausgebrannt bin, habe ich vorher viel geleistet und die nachfolgende Erschöpfung kann leichter akzeptiert werden. Aber dies zeigt auch, dass psychische Problemlagen immer noch stigmatisiert sind und verdrängt werden.

Sicherlich ist dieser Prozess ein individueller Prozess, aber er wird gefördert durch eine Kultur übertriebener Leistungsorientierung, der Orientierung an äußeren Zielen, der Funktionalisierung unserer Lebensvollzüge und der Abwertung menschlicher Schwächen. Ob eine Institution wie ein Unternehmen oder gar eine ganze Gesellschaft ausbrennen kann, ist umstritten. Menschen und Führungskräfte können dies jedoch in einem derartigen Ausmaß, dass es dramatische gesellschaftliche Auswirkungen hat und haben wird.

Die gesamtgesellschaftlichen Kosten psychischer Störungen sind enorm. Nach der Krankheitskostenrechnung des statistischen Bundesamtes für 2008 belaufen sich die indirekten Kosten durch Produktionsausfälle und verlorene Bruttowertschöpfung auf mehr als das Doppelte der direkten Kosten durch die Krankheitsbehandlung. Die Burnout-Problematik stellt sich jedoch – wie dargestellt – nicht erst am Ende, nämlich der Dekompensation in Form einer psychischen Erkrankung dar, sondern bereits im gesamten Prozess, währenddessen eine – allerdings reduzierte – Arbeitsfähigkeit besteht. Dies betrifft die Problematik des sogenannten Präsentismus. Mit Präsentismus ist aber hier nicht gemeint, arbeitsunfähig zu sein und trotzdem zum Arbeitsplatz zu gehen, sondern durch einen Krankheitsprozess eingeschränkt zu arbeiten. Bernhard Badura beschreibt, dass völlig gesunde Mitarbeiter im Grunde in einem Unternehmen in der Minderheit sind. Fast 70 Prozent der Mitarbeiter besitzen Risikofaktoren wie Rauchen, Übergewicht und anderes mehr oder leiden unter Erkrankungen, jedoch nicht in dem Ausmaß, dass eine Krankschreibung erforderlich ist. Präsentismus in diesem Sinne führt zur Leistungsminderung im Vergleich zu einem gesunden Mitarbeiter.

Badura zeigte während eines Vortrags am 17. Mai 2012 in Bad Kissingen die Ergebnisse einer Studie über ein amerikanisches Unternehmen auf, die besagen, dass die Kosten für ein Unternehmen durch Präsentismus viermal so hoch sind wie die durch Absentismus und medizinische Behandlung. Wenn man den Faktor 4 auf die gesamtgesellschaftlichen Kosten, die durch psychische Störungen entstehen und die durch das Statistische Bundesamt im Jahr 2008 auf 100 Milliarden Euro beziffert wurden, anwendet, kommt man also auf zusätzliche 400 Milliarden Euro, die zu einem großen Teil auf das Konto von Burnout-Prozessen zurückzuführen wären. Das lässt aufhorchen!

Die weltweiten Kosten, die sowohl von psychosozialen als auch von körperlichen Krankheiten pro Jahr verursacht werden, betrugen nach Schätzungen des Wirtschaftswissenschaftlers Leo A. Nefiodow im Jahr 2004 bereits 24 000 Milliarden US-Dollar, somit etwa ein Drittel des Weltsozialproduktes. Nefiodow vertritt die Theorie der Kondratieff-Zyklen, der langen Wellen der Weltkonjunktur. Ein solcher Zyklus dauert 40 bis 60 Jahre und wird durch eine Basisinnovation ausgelöst, die sich zu einem Motor der Weltwirtschaft entwickelt. Solche Basisinnovationen waren die Dampfmaschine, die Eisenbahn, die Elektrotechnik, das Automobil und zuletzt die Informationstechnik.

> *»In den frühen 1950er-Jahren begann der fünfte Kondratieff. Seine Antriebsenergie kam aus der Entwicklung und Verwertung der computerbasierten Informationstechnik. Mit dem 5. Kondratieff ging die Industriegesellschaft in die Informationsgesellschaft über. Wirtschaftswachstum definiert sich seither vor allem als Wachstum des Informationssektors. Mit ständig zunehmender Geschwindigkeit durchdrang die Informationstechnik alle Bereiche der Gesellschaft und verwandelte die Welt informationell in ein Dorf. […]*
>
> *Mit der weltweiten Rezession der Jahre 2001 bis 2003 ist der letzte, der fünfte Kondratieff-Zyklus, der von der Informationstechnik getragen wurde, zu Ende gegangen. Parallel dazu hat ein neuer Langzyklus, der sechste Kondratieff, begonnen. Er wird vom Bedarf nach ganzheitlicher Gesundheit angetrieben und wird den Ländern, die diesen Langzyklus führend beherrschen, für ein halbes Jahrhundert Prosperität und Vollbeschäftigung bringen.« (Nefiodow 2007)*

Den Grund dafür sieht Nefiodow darin, dass körperliche und vor allem seelische Krankheit eine Barriere für die volkswirtschaftliche Weiterentwicklung darstellt. Nefiodow veröffentlichte seine

Theorie bereits Ende der 1990er-Jahre, und die Entwicklung der letzten zehn bis 15 Jahre scheint ihm Recht zu geben. Die direkten Kosten zur Behandlung von Erkrankungen sind enorm, aber die indirekten Kosten durch Produktivitätsausfälle, Ineffizienzen und soziale Kosten sind noch viel höher. Und obwohl es hier genug zu tun gibt, können wir bei der Betrachtung der Überwindung der Schäden nicht stehenbleiben.

Die eigentliche Triebkraft der von Nefiodow prognostizierten Basisinnovation psychosozialer Gesundheit liegt in der Entwicklung von psychosozialer Kompetenz als entscheidendem Produktivitäts- und Wettbewerbsfaktor. Psychosoziale Gesundheit im ganzheitlichen Sinne meint die Fähigkeit zur Nutzung aller persönlichen und sozialen Kompetenzen für die eigene Lebensführung und, wenn man dies auf die Arbeitssituation bezieht, eben für die berufliche Tätigkeit. Damit sind geistige Leistungsfähigkeit, Kreativität, Selbstführung und Selbstmanagement, innere Strukturiertheit, Kommunikationskompetenz, Teamfähigkeit und Beziehungsfähigkeit gemeint. Solche Führungskräfte und Mitarbeiter eines Unternehmens stellen in einer Wissensgesellschaft erst das eigentliche Kapital eines Unternehmens dar. Psychosozial kompetente Mitarbeiter und Führungskräfte sind der Innovationsfaktor jedes Unternehmens.

Der sechste Kondratieff ist also keine technische, sondern eine geistig-seelische Basisinnovation und führt zu Ergebnissen, die über die Kompetenzen von Einzelnen weit hinausgehen können. Nefiodow beschreibt neben dem herkömmlichen Gesundheitswesen zur Behandlung der Erkrankungen und zur herkömmlichen Prävention einen neu aufkommenden Gesundheitssektor ganzheitlicher Art (s. auch www.kondratieff.net/19.html). Aber dies ist erst der Anfang. Geistig-seelische und soziale Kompetenz ist die gesellschaftliche Notwendigkeit und die Chance des 21. Jahrhunderts.

Resilienz macht zukunftsfähig

Resilienz als Wettbewerbsvorteil

Die zunehmenden Turbulenzen der letzten Jahre auf wirtschaftlicher, politischer und ökologischer Ebene werden künftig keine singulären Ereignisse bleiben, sondern in immer schneller werdender Folge auftreten. Diese beschleunigte Abfolge von ökonomischen, politischen und umweltbedingten Erschütterungen fordert letztendlich alle Organisationen heraus, solide Bewältigungskompetenzen zu generieren.

Viele Unternehmen arbeiten schon lange an einer aufmerksamen Unternehmens- und Führungskultur und haben sich durch intensive Prozesse ein bemerkenswertes Fundament schaffen können. Gerade erfolgreiche Unternehmen im Mittelstand zeichnen sich durch besondere Widerstandskraft, Innovations- und Anpassungsfähigkeit aus. Sie verstehen es immer wieder neu, sich im Auf und Ab der Konjunktur zu behaupten. Widerstände entzünden in ihnen eine Art Sportsgeist, sich nicht unterkriegen zu lassen. In diesen Firmen weht von Natur aus der Geist der Resilienz; der gängige Führungsstil und die Organisationsstruktur richten sich danach aus.

Oftmals wird darüber nicht bewusst reflektiert, da diese proaktive Orientierung ein ganz natürlicher Bestandteil ihrer Unternehmenskultur ist. In diesem Fall entsteht Resilienz als eine Art Nebenprodukt. Diese Fähigkeit rüstet das Unternehmen mit ungemein starken Wettbewerbsvorteilen aus. Die gezielte Resilienzförderung knüpft nahtlos an dieser inneren Haltung an und bereichert sie durch eine bewusst-strategische und systematische Verankerung im Unternehmen. Durch die gleichzeitige Bearbeitung komplexer, miteinander vernetzter Themen werden positive

Synergien freigesetzt und miteinander nachhaltig zur Wirkung gebracht.

Zudem sind innere Kraft und Robustheit nicht nur in Extremsituationen ein immenser Vorteil, sondern verleihen der gesamten Geschäftsentwicklung eine besondere Dynamik. Abhängig von den Schwankungen der Finanz- und Wirtschaftswelt und von politischen Entscheidungen müssen Unternehmen extrem flexibel agieren können. Diese schnelle Anpassungsfähigkeit hängt zum einen mit dem Organisationsaufbau und mit Strukturen und Prozessen zusammen. Zum anderen aber auch mit der Bereitschaft der betroffenen Mitarbeiter und Führungskräfte, sich auf neue Entwicklungen offen und kreativ einzulassen und sie kritisch-konstruktiv mitzugestalten.

> *»Eigentlich kann es sich kein Unternehmen leisten, nicht auf die Resilienz ihrer Mitarbeiter zu achten. In Projektarbeit, bei der stets Zeitdruck herrscht, finanzielle Budgets einzuhalten sind und die nachgeschobenen Anforderungen flexible Reaktionen erfordern, ist die Gesundheit und Stabilität der Mitarbeiter die Basis für den Erfolg. Unkonzentrierte Mitarbeiter bringen keine Höchstleistungen. Krankheitsausfälle belasten die anderen Teammitglieder und die Leistung ist nicht erbracht. Was für die Projektarbeit existenziell ist, kann natürlich im täglichen Betrieb nicht anders bewertet werden.« (mündliches Zitat von Robert Kronthaler, Deutsche Rentenversicherung Bund, 2011)*

Unternehmen und Mitarbeiter widerstandsfähig machen

Die Arbeitsverdichtung und die Informationsflut werden in absehbarer Zeit nicht zurückgehen. Diskontinuität, steter Wandel, Komplexität und Entscheidungsdruck werden zunehmend unser Leben bestimmen. Welch großartige Chance, uns weiterzuentwickeln!

Aber nur, wenn wir sie aktiv ergreifen und uns von den steigenden Belastungen nicht an die Wand drängen lassen.

Wir Menschen besitzen auf mentaler, aber auch auf emotionaler und seelisch-geistiger Ebene so viele Fähigkeiten und Potenziale, die wir wahrscheinlich erst im Ansatz nutzen. Eins ist sicher: Durch kluge, vorausschauende Bewusstseinsentwicklung kann jeder von uns, und wir gemeinsam, viel widerstandsfähiger, glücklicher, flexibler und gelassener werden.

Dazu braucht es die Selbstverantwortung von jedem Einzelnen, sich intensiv mit sich selbst und den Zusammenhängen seiner persönlichen Lebens- und Arbeitsgestaltung auseinanderzusetzen. Hierfür sollte eine Organisation Raum und Unterstützung geben, um das Engagement, die Gesundheit, die Arbeits- und Leistungsfähigkeit ihrer Mitarbeiter zu erhalten.

Systemisches, vernetztes Denken ist gefragt: Die Unternehmens- und Führungskultur sowie das betriebliche Gesundheitsmanagement müssen ernst genommen werden, denn mit ihnen werden keine weichen, sondern harte Faktoren gesteuert. Gerade das betriebliche Gesundheitsmanagement gehört mitten hinein in die Unternehmensstrategie, denn es kann nicht mehr als nettes Add-on verstanden werden, das unter »ferner liefen« abgehandelt wird.

Viele Betriebe haben für die rein körperlichen Bedürfnisse schon viele gute Angebote im Alltag verankern können: den Wasserspender auf dem Gang, den reich gefüllten Obstkorb in der Cafeteria, ergonomische Bürostühle, Rückenschule, Laufkurse, Ernährungsberatung, regelmäßige Gesundheitschecks und so weiter. All diese Aktionen erreichen aber nicht den Menschen, der sich in einer psychosozialen Erkrankung verstrickt hat. Die Arbeitswelt hat beim Thema Gesundheit beziehungsweise Krankheit in den letzten Jahren ein neues Kapitel aufgeschlagen; die Errungenschaften der letzten Jahrzehnte greifen an dieser Stelle nicht mehr. Prävention ist angesagt – das sagt allein der gesunde Menschenverstand.

Auch die Führungskultur gehört endlich in den Fokus genommen und konsequent gefördert. Krankenquoten korrelieren auffallend stark mit den Kompetenzen beziehungsweise Defiziten der jeweiligen Führungskraft, auch das belegen Studien seit Jahren. Führungskräfte nehmen bei ihrer Versetzung in andere Abteilungen die Krankenquote der Mitarbeiter mit – solche Zahlen müssen aufrütteln. »Heutzutage sterben mehr Arbeitnehmer an schlechten Führungskräften als an einem Arbeitsunfall«, äußerte kürzlich ein Ministerialrat auf einer BGM-Veranstaltung. Auch die Arbeitsschutzgesetze treffen nicht mehr den Nerv der heutigen Belastungen.

Die Zukunft bewusst gestalten

Zusammengefasst stellen wir fest: Resilienz ist ein Erfolgsfaktor für Menschen und Organisationen, um nachhaltig gesund, vital und anpassungsfähig zu sein. Heute muss jedes Unternehmen mit ständig veränderten Situationen umgehen und dem Markt möglichst flexible und innovative Antworten geben. Diese Fähigkeit, sich auf unterschiedliche Gegebenheiten einstellen zu können, muss erst einmal gelernt werden und will immer wieder neu bei den Mitarbeitern angestoßen sein. Der Begriff Resilienz ermöglicht es, die Bewusstseinsprozesse zu beschreiben, die heute in einer Organisation ablaufen sollten, um sie zukunftsfähig zu machen. Bei dieser Entwicklung können Methoden und Instrumente benutzt werden, die schon vertraut sind. Resilienz ist ein neuer Blickwinkel, eine positive Perspektive, um komplexe Herausforderungen anzuschauen und konstruktive Lösungen zu suchen.

Für einen Mitarbeiter ist es von höchstem Interesse, dass sein Arbeitsplatz gesichert ist. Von daher ist die Widerstandsfähigkeit des Unternehmens ein großes Anliegen von ihm, genauso wie es das höchste Ziel der Geschäftsführung sein sollte. Wenn sich ein Unternehmer vor seine Belegschaft stellt und klar und deutlich erklärt, warum er Widerstandskraft, Flexibilität und Belastungsfähigkeit besonders in den Fokus nehmen möchte, wird er bei seinen Mitarbeitern höchste Motivation auslösen. Resilienz ist nichts Statisches. Sie entsteht und entwickelt sich durch einen regen Austausch zwischen den Menschen, am besten über alle Hierarchien hinweg.

Entwicklungen starten immer zunächst im Bewusstsein einzelner Personen, die sich mit Aufgaben und Fragestellungen profund auseinandersetzen. Bei diesem Thema sollten es die wirtschaftlich Verantwortlichen sein, die die Thematik aufgreifen und für ihre spezielle Unternehmenssituation durchdringen und strukturieren. Letztendlich sollte sich jeder Mitarbeiter kontinuierlich darin weiterentwickeln, kompetent zu sein, sich gesund und leistungsfähig zu halten und vor allem veränderungsbereit zu sein. Wer diese Haltung für sich selbst gelernt hat, wird sie auch in seine Arbeitsgruppe, seine Abteilung und in die ganze Unternehmenskultur einbringen. Was es braucht, ist ein lebendiges, kommunikatives Miteinander. Dann entsteht eine kollektive Kompetenz, um im Sinne der Ziele des Unternehmens auf Schwierigkeiten einzugehen. Heute steigert sich die Effizienz eines Unternehmens durch die Entwicklung seiner Mitarbeiter. Die Managementprozesse sind nicht das Problem; dieses Wissen und Handwerkszeug ist gut ausgearbeitet. Die Blockade im Alltag sind oft die Menschen, die eine noch offenere Kooperation und Kommunikation lernen sollten.

All diese Themen und Blickpunkte, die sich innerhalb einer Organisation sehr genau beobachten und beschreiben lassen, können auch auf größere Strukturen, wie die einer Kommune oder eines Landes übertragen werden. Dort wirken komplexere Einflussfaktoren und die verantwortlichen Rollen sind anders verteilt – und doch herrschen ähnliche Mechanismen. Die Kernidee des Resilienzgedankens lässt sich in jedes Umfeld transportieren und auf jeweilige Kontexte übertragen.

Der Mensch: ein vielschichtiges Wesen mit schlummernden Potenzialen

—— *Teil 01*

Bestandsaufnahme

»In einigen Jahrhunderten, wenn die Geschichte unserer Zeit aus einer langfristigen Perspektive heraus geschrieben wird, werden die Historiker wahrscheinlich weder die Technologie noch das Internet oder den E-Commerce als wichtigstes Erlebnis betrachten, sondern die großen Veränderungen der Lebenssituation. Zum ersten Mal hat eine erhebliche, schnell wachsende Zahl von Menschen die Freiheit zu wählen. Zum ersten Mal müssen sie sich selbst managen. Und darauf ist unsere Gesellschaft in keiner Weise vorbereitet.« (Peter Drucker)

Ständige Veränderung und Arbeitsverdichtung fordern jeden Menschen heraus

Das Leben schenkt uns Höhen und Tiefen Durch unsere Arbeit in den letzten 20 Jahren haben wir die Veränderungen unserer Zeit zunächst an uns selbst, aber auch direkt an unseren Klienten und Patienten hautnah miterleben können. Vor 20 Jahren kamen, ob im medizinischen oder therapeutischen Bereich, selbstverständlich auch schon Menschen mit akuten Stress- und Überforderungsproblemen zu uns. Allerdings knüpfte sich ihre Verfassung zumeist an ganz konkrete Ereignisse, wie zum Beispiel eine aktuelle Erkrankung, Streitigkeiten oder Trennungen innerhalb der Familie oder ein Jobverlust. Manchmal waren es unvorhersehbare Schicksalsschläge, wie ein Unfall oder der Tod eines geliebten Menschen, die unsere Klienten und Patienten aus der Bahn warfen.

Im besten Fall konnte in diesen einschneidenden Lebenskrisen eine Sinnhaftigkeit entdeckt werden, die half, das Geschehen mit Kraft und in Tiefe zu verarbeiten. Trauer, Angst, Ohnmacht, Wut, Verzweiflung – all diese Emotionen brauchen Zeit und Raum, um sich angemessen ausdrücken schrittweise in Lebenserfahrung und Lebensfundament umwandeln zu können.

Höhen und Tiefen gehören zu unserem Menschsein dazu. Jeder von uns erlebt Glück und Freude genauso wie Not und Kummer, die neben ihren schmerzhaften, einschränkenden Erfahrungen immer wieder neu die Chance bieten, das Leben in einer anderen, letztendlich erweiterten Dimension spüren zu können.

»Die Erde schenkt uns mehr Selbsterkenntnis als alle Bücher, da sie uns Widerstand leistet.«

Mit diesem wunderbaren, schlichten Satz beginnt das 1939 erstmals erschienene Buch »Wind, Sand und Sterne« von Antoine de Saint-Exupéry. Er beschreibt darin seine an Grenzen führenden, auch Grenzen überschreitenden Erfahrungen als Postflieger in den frühen Jahren der Luftfahrt. In all seinen herausfordernden Erlebnissen sucht er durchgehend den Moment der eigenen Entwicklung und inneren Reifung, auch die Begegnung mit einer größeren, umgebenden und tragenden Schöpferkraft. Diese »Brille« erlaubt es ihm, erschreckende Momente anzunehmen und sie durch seine mutige Bereitschaft zu lernen in sinnvoll-prägende Erfahrungen zu verwandeln.

Diese innere Haltung scheint leichter zu fallen, wenn der Mensch mit einem großen, erschütternden Ereignis konfrontiert wird, dem er nicht mehr ausweichen kann und durch das er quasi gezwungen wird, genau hinzuschauen. Das Leben lässt ihn nicht aus und er muss loslassen oder mutige Entscheidungen treffen, über seinen Schatten springen, Dinge anpacken, die er sich bisher nicht zugetraut hatte und die seinem Leben eine neue Richtung geben. Solche einschneidenden Krisen zu durchwandern ist schwer, und man kann sich glücklich schätzen, in einer solchen Zeit eine fachlich-kompetente, aufmerksame und liebevolle Begleitung zu erfahren.

In den letzten zehn Jahren benötigen immer mehr Menschen medizinisch-therapeutische Unterstützung, die zumeist durch eine andere Konstellation an ihre Grenzen geraten. Kein großes Ereignis zwingt sie in die Knie, sondern eine Vielzahl von beruflichen und privaten Belastungen, ob gegenwärtiger oder biografischer Natur. Einzeln betrachtet mögen diese Inhalte gar nicht so schlimm und dramatisch wirken, aber in ihrer Summe ergeben sie ein mächtiges Paket. Auffallend dabei ist, dass sich die Problematiken oft über Jahre, fast unbemerkt, auftürmen. Der Mensch verstrickt sich Schritt für Schritt in subtile Überforderungen, und dieser Prozess passiert so niederschwellig, dass sich sein Organismus zunächst damit arrangiert. Als würde die Person in einem Zimmer sitzen, in dem die Luft immer stickiger wird. Er bemerkt es selbst erst gar nicht, da ihm ein Referenzpunkt fehlt. Er hat schlichtweg vergessen, was frische Luft für ihn bedeutet.

In unserem Kontext gesprochen: Er weiß nicht mehr, wie sich sein Geist und Körper unbelastet und energievoll anfühlen. Durch den schleichenden Prozess leben viele Menschen oft jahrelang am Anschlag ihrer Kräfte und schleppen sich von Woche zu Woche durch ihre vielfältigen Aufgaben. Ob am Arbeitsplatz oder zu Hause in der Familie – sie leben mit halber Kraft, ohne darauf Einfluss nehmen zu können. Sie selbst haben weder Kraft noch Mut, ihren Zustand anzusprechen, zumeist schämen sie sich für ihr Schwachsein und hadern innerlich mit ihren eigenen Ansprüchen, die sie nicht mehr erfüllen können. Auch spielt immer noch die Angst vor Ausgrenzung und Stigmatisierung eine große Rolle, dass Symptome nicht benannt und frühzeitig behandelt werden. Am 21.08.2013 kam darüber ein Bericht auf »heute.de«:

> *»Aus Angst vor Nachteilen im Job geht mehr als jeder dritte Berufstätige trotz psychischer Probleme zur Arbeit. Das geht aus einer Umfrage der DAK-Gesundheit hervor. Häufig verschweigen die Betroffenen demnach gegenüber dem Arbeitgeber ihre seelische Erkrankung.*

Die Befragung von 3 000 Männern und Frauen zeige, dass psychische Erkrankungen trotz der öffentlichen Debatte um Depressionen und Burnout nach wie vor ein Tabu sind. 65 Prozent gaben an, dass ihnen ein Ausfall durch Seelenleiden unangenehmer sei als eine Krankschreibung wegen körperlicher Symptome.«

Sollte ihr Zustand anderen Personen auffallen, ist ihr privates oder berufliches Umfeld oft unsicher, wie sie mit der Situation umgehen sollen.

Durch dieses Hinauszögern geht kostbare Zeit verloren, in der ein Mensch präventiv, durch gezielte Schulungsmaßnahmen im Bereich der Selbststeuerung und Selbstverbundenheit, lernen könnte, sein Leben wieder in Balance zu bringen. Neben der möglichen Vermeidung einer schweren Erkrankung bestünde die Chance, dass er durch solch ein Training seine gesamte Lebensqualität, seine Gesundheit, seine Beziehungsfähigkeit, seine Leistungskraft – rundum seine Lebensfreude und -intensität – auf ein anderes Niveau heben könnte. Seine physischen und psychischen Einschränkungen wären in diesem Fall zunächst ein wichtiger Fingerzeig und dann ein hilfreiches Sprungbrett, in eine viel bewusstere, aufmerksamere, sinnvollere Lebenssteuerung zu finden. So könnte es gehen. Meist warten die Menschen aber so lange, bis sie sich in eine große Ohnmacht und Handlungsunfähigkeit hineinmanövriert haben.

Berufliche Belastungen haben viele Gesichter

Die meisten Klienten und Patienten berichten von einer hochkomplexen Lebens- und Arbeitswirklichkeit, die sie sich täglich kreieren und der sie sich gleichzeitig ausgesetzt fühlen. Auf der einen Seite bietet diese Lebensfülle ungeheure Möglichkeiten zu lernen, sich auszuprobieren, sich weiterzuentwickeln und Neues zu erleben. Die Kehrseite der Medaille ist Überforderung, Überflutung, Angst, sich selbst und das Leben nicht mehr ausloten, die Sorge, nicht mehr mithalten zu können, die eigenen Bedürfnisse und die der anderen nicht mehr unter einen Hut bringen zu können. Hier ein sehr bewegender Bericht eines Klienten, der über viele Jahre einen anstrengenden Schichtdienst meisterte – mit der Zeit schwanden ihm jedoch die Kräfte.

Ein langer Weg in die Krankheit – und wieder heraus ...

»Meine Krankheit begann schon einige Jahre vorher, was mir aber in der Tragweite nicht bewusst war. Erst ein Workshop mit Ihnen zum Thema Resilienz zeigte mir, wie weit die Erkrankung schon fortgeschritten war.

Die Anmerkungen meiner Frau nahm ich nicht mehr zu Kenntnis, mein sozialer Rückzug war bereits sehr weit fortgeschritten. Für mich zählte nur noch die Arbeit, Termine, Erreichbarkeit; E-Mails von zu Hause bearbeiten war eine Normalität. Selbst der Rückzug aus dem Freundeskreis war mir nicht bewusst. Im Dienst haben sich die Kollegen schon darauf eingestellt, dass der Kollege alles erledigt, dies war Normalität.

Nach Dienstende war das Blackberry immer in greifbarer Nähe, um jederzeit erreichbar zu sein.

Wie gesagt, bis zum Workshop im März war ich bester Dinge. Nachdem bei der Übung: ›Das Energiefass‹ mein persönlicher Energiehaushalt im unteren Drittel lag, sprach mich mein anwesender Vorgesetzter darauf in der Pause an. Ich schilderte ihm, dass ich die Schichtdienste nicht mehr so einfach wegstecken könne. Leider war dies auch ein falscher Eindruck, den ich gehabt hatte.

Meine Kollegen haben dies auch nicht bemerkt, es ist ihnen nicht anzulasten, selbst meine Vorgesetzten bekamen davon nichts mit, denn ich war stets da, erledigte meine Arbeiten und funktionierte einwandfrei.

Auf Drängen meiner Frau begab ich mich in eine Behandlung bei einem Neurologen; ich sagte immer, ich brauche keinen Psychiater, ich bin doch nicht verrückt.

Durch den Umstand, dass die Freundin meiner Frau eine Neurologin ist, war ein Termin bei einer Therapeutin schnell gefunden und ich musste diesen Termin wahrnehmen.

Beim ersten Termin bei dieser Psychologin kam zum Vorschein, dass ich wirklich unter Burnout leide und in einem Stadium mit depressiven Phasen schon gelegentlich an Selbstmord dachte.

Die Folge war, dass in kürzester Zeit eine Reha genehmigt wurde und ich in einer psychosomatischen Reha-Klinik stationär eingewiesen wurde. Diese sechs Wochen waren für mich sehr lehrreich; bei den Behandlungen und Gesprächen wurde auf meine Krankheit intensiv eingegangen.

Es zeigte sich, wie sich diese Symptome lange vor Ausbruch des Zusammenbruchs entwickelt hatten. Immer mehr Aufgaben, immer mehr Verantwortungen, keine Freizeit mehr, kein Urlaub (war dienstlich erreichbar), keine Freunde und so weiter.

Nach der Reha wurde ich als krank entlassen, eine Weiterbeschäftigung im Schichtdienst wurde mir untersagt. Ich habe das Glück, dass mir mein Vorgesetzter hier volle Unterstützung zugesagt hat. Der Medizinische Dienst bestätigte diese Diagnose und untersagte ebenfalls eine Schichtdiensttätigkeit.

Ich begann im August mit der Arbeit, ohne Schicht, es wurde vereinbart, dass keine Überstunden mehr geleistet werden dürfen. Mein Vorgesetzter überwacht dies täglich und schickt mich auch sofort nach Hause.

Ich spreche offen über diese Thematik, was aber bei vielen auf Unverständnis stößt. Es fällt mir schwer, mich zu ändern, ich falle immer wieder in das alte Raster zurück, eine Änderung kann nur erzielt werden mit der Hilfe von anderen, darum habe ich mich zu einer langen Therapie entschlossen und einen Therapieplatz gefunden, diese wird zweimal die Woche über drei Jahre durchgeführt.

Rückwirkend betrachte ich mich als Hamster im Rad, ohne Ende, immer rennend und kein Ende in Sicht. Einen Ausweg aus diesem Strudel kann der Einzelne nicht allein bewerkstelligen. Ich bin zuversichtlich, dass ich hier eine Besserung erzielen kann. Eine Behandlung ist immer noch im Gange und wird sich noch weiter hinziehen; ich werde sehen, ob ich nicht doch noch im nächsten Jahr zu einer fortführenden Reha muss, das entscheidet meine Ärztin.

Ich bin froh über diesen Prozess, denn dadurch habe ich erstmals in mich hineingesehen.«

Diese Zustandsbeschreibung scheint extrem, aber in ihren Ansätzen wiederholt sie sich aus dem Blickwinkel verschiedener Lebensperspektiven. Viele Menschen erzählen von einer schleichenden Veränderung ihres Lebens, dabei rückt ihr Beruf oft in den Mittelpunkt der Beschreibung. Über die Jahre haben sich die Aufgabenstellungen und die Atmosphäre an ihrem Arbeitsplatz grundlegend verändert. Immer mehr Informationen müssen in kurzer Zeit verarbeitet werden. Themen sind komplex und können weder schnell durchdrungen, noch simpel beantwortet werden. Um zu guten, tragfähigen Entscheidungen zu kommen, braucht es viele verschiedene Blickpunkte, oft auch Expertenmeinungen, die alle miteinander abgestimmt gehören. Die Zeit dafür besteht selten, so werden viele Entscheidungen unzureichend abgewogen und häufig zudem schlecht kommuniziert.

Den klassischen Changeprozess gibt es nicht mehr, denn der hatte einen klar definierten Anfang und einen messbaren Abschluss, den man feiern, beziehungsweise aus dem man lernen konnte. Heute überlappen sich die Prozesse. Während die eine Veränderung noch nicht richtig abgeschlossen ist, steht die nächste schon ins Haus. Hohe Mobilität und Flexibilität werden allerorts gefragt. Lebenslanges Lernen ist kein Schlagwort, sondern wird von jedem Mitarbeiter – gleich welchen Alters – erwartet. Die häufigen Um- und Restrukturierungen in Firmen verlangen von allen Beteiligten sowohl eine hohe Veränderungsbereitschaft als auch die Akzeptanz, mit zum Teil schlechteren Arbeitsbedingungen zufrieden zu sein. Entwicklung bedeutet heute in vielen Fällen

Seitwärtsbewegung, nicht unbedingt Fortschritt – das gilt es zu begreifen, anzunehmen und in ein erweitertes Wertesystem einzuordnen.

Die neuen Medien zwingen zu ständiger Fortbildung. Die weltweite Vernetzung bietet beziehungsweise verlangt neue Kommunikationsformen. Produktentwicklung und Innovation drehen sich heute sehr, sehr schnell. Reisen, fremde Sprachen und Gebräuche, kulturell gemischte Projektteams – das alles verlangt Offenheit, Neugierde und Lernbereitschaft.

Rechtlich wird alles komplizierter, Kontrolle und Qualitätssicherung fordern in jeder Branche ihren Tribut. Letztendlich muss immer mehr Arbeit von immer weniger Menschen erledigt werden. Freie Stellen werden vielfach nicht nachbesetzt, dünne Personaldecken schenken kaum mehr die Möglichkeit zu durchdachten Urlaubs- oder Krankheitsregelungen. Gleichzeitig quälen die Angst vor dem Arbeitsplatzverlust und der Leistungsdruck, sich am Markt zu behaupten.

Gerade in Sozialberufen macht sich die Ökonomisierung der Arbeit extrem bemerkbar. Die Hinwendung und Beschäftigung mit dem einzelnen Menschen, die eigentlich Kern eines heilenden, pflegenden, lehrenden oder erziehenden Berufes sein sollte, fällt aus Kostengründen schlichtweg unter den Tisch. Viele Mitarbeiter verlieren dadurch komplett den sinnhaften Bezug zu ihrer Arbeit.

Branchenweit ähneln sich die Rahmenbedingungen des Arbeitsalltags, die an sich schon eine Herausforderung sind. Die weitaus höhere Belastung erfahren Mitarbeiter aber durch die Arbeitsatmosphäre, den Führungsstil und die Unternehmenskultur, in die diese ganze Gemengelage eingebettet ist. Durch die Arbeitsverdichtung bleibt immer weniger Zeit für Gespräch und Begegnung. Austausch und Information finden oft zwischen Tür und Angel oder in langatmigen, überladenen Meetings statt. Die zumeist ambitionierten Zielsetzungen werden nur selten mit den bestehenden Ressourcen abgeglichen – die meisten Projekte oder Arbeitsprozesse werden ständig unter hohem Druck abgewickelt.

Da bleibt kein Raum mehr für durchdachte, aufmerksame Rückmeldungen und Wertschätzung. Wichtige Entscheidungen werden oft unzureichend erklärt oder nur bruchstückhaft kommuniziert. Aus diesen Erfahrungen resultieren meist die größten Energiefresser.

Stress ist nicht messbar. Fühlt sich ein Mensch mit seinen Aufgaben sinnhaft verbunden und integriert in eine respektvolle, aufmerksame Zusammenarbeit, können große Belastungen konstruktiv verarbeitet werden. Knüpft sich die Arbeit allerdings an unaufmerksames Verhalten und an sinnentleerte Zusammenhänge, gerät der ganze Organismus in ein destruktives Stressmuster.

Wir müssen begreifen: Unsere Arbeitsbedingungen haben sich extrem verändert und fordern zu kompetenter Selbststeuerung und klarer Kommunikation heraus. Neben den fachlich-sachlichen Zusammenhängen ist dabei besonders die menschliche Ebene zu beachten.

Das Privatleben ist viel komplexer geworden

Neben den beruflichen Veränderungen schlägt natürlich auch der Wandel in den individuellen Beziehungsstrukturen zu Buche. Viele Menschen leben nicht mehr im klassischen Ehe- beziehungsweise Familienverbund, sondern in vielfältigen Patchworkverhältnissen. Sie berichten, dass sich ihre Feierabende, Wochenenden und Urlauben oft mit emotional aufgeladenen, kniffligen Situationen koppeln, die sich aus den jeweils komplexen Beziehungskonstellationen ergeben. Die kostbare freie Zeit schenkt zu wenig Entspannung und Regeneration.

Trotz dieser Belastungen wird die Familie weiterhin als wichtigste Quelle für Kraft und Lebensfreude benannt. Die Beziehung zum Partner, zu den Kindern, zu Eltern und Freunden werden als die wertvollsten Energiespender im Leben angesehen – obwohl immer weniger Zeit dafür verwandt wird, diese Beziehungen wirklich zu hegen und zu pflegen. Dabei brauchen Kinder heute mehr denn je Unterstützung und Aufmerksamkeit, um sich nicht nur in der Schule, sondern im ganzen Leben richtig zu positionieren. Immer mehr Veröffentlichungen weisen darauf hin, dass nicht nur die Lehrer, sondern auch viele Schüler und Studenten am Rand der Belastbarkeit stehen.

Am anderen Ende des Lebens verändern sich die Rahmenbedingungen ebenso. Dadurch, dass in den Kliniken und Pflegeheimen immer weniger Personal zur Verfügung steht, braucht die Pflegesituation der alt gewordenen Eltern immer intensiveren persönlichen Einsatz aufseiten der erwachsenen Kinder. Das ist, neben den ganzen emotionalen Eindrücken und Prozessen, rein zeitlich und logistisch nicht leicht zu bewerkstelligen.

Die freien Stunden neben der Arbeit gilt es also sehr genau einzuteilen. Welche Aktivität schenkt Ruhe und Kraft, welche zieht eher Energie ab? Welche Art der Begegnung macht Sinn, wie viel Information ist tatsächlich zu verdauen? Die vielfältigen Kommunikations- und Informationsmöglichkeiten über Computer und Handy bieten immense Möglichkeiten, schnell und vielfältig in Kontakt zu treten. Welche dieser Beziehungen erreicht aber tatsächlich Herz und Seele und ernährt unser Grundbedürfnis nach echtem, direktem Austausch? Dort liegt eine große Gefahr verborgen: Inmitten vielfältigster Kontakte und Begegnungen vereinsamen Menschen in ihrem Inneren, weil tiefer gehende, wahrhaft anteilnehmende Gespräche Mangelware werden. Vereinsamung ist ein perfekter Nährboden für jede Art von psychosozialer Erkrankung.

Probleme haben meist vielfältige Ursachen

Es fällt auf, dass sich berufliche und private Probleme meistens eng miteinander verweben. Das Wohlgefühl beziehungsweise das Unwohlsein eines Menschen speist sich aus verschiedensten Quellen – die Gründe für seine aktuelle Situation sind meist multikausal. Wobei zunächst nicht leicht zu unterscheiden ist, welches der Ereignisse eher das Symptom und welches eher die Wurzel des Problems darstellt. Allein durch ein erstes Gespräch mit differenzierten Hinterfragungen wird klar, dass eine Lebenskonstellation immer im Gesamten, unter Berücksichtigung aller Einflussfaktoren, zu betrachten ist.

Es zeigt sich, dass Menschen sich über Jahre oder Jahrzehnte in eine Lebenskonstellation hineinmanövrieren, die ihre persönlichen Bewältigungsstrategien überfordern. Bei einigen dieser Personen verknüpft sich die gegenwärtige Belastung mit seelischen Gewichten, die sich in ihrem Lebensrucksack verbergen. Eine schwierige Kindheit, Verlust, Krankheit, Traumatisierung oder andere Schicksalsschläge binden ihre Lebensenergie in tiefen Schichten ihres Seins. Dazu gesellen sich die aktuellen Herausforderungen, die ja nicht weniger, sondern immer mehr werden. Diese Menschen haben meist schon viel ausprobiert, wissen theoretisch eine Menge und können ihre guten Kenntnisse praktisch doch nicht umsetzen. Eine Unterscheidung zwischen beruflichen und privaten oder gegenwärtigen und vergangenen Inhalten macht an dieser Stelle keinen Sinn, da die Themen ineinandergreifen und eine Gesamtdynamik entwickelt haben.

Um all diese subtilen Verflechtungen transparent zu machen und zielführend bearbeiten zu können, braucht es strukturierte Bewusstwerdungsprozesse, Achtsamkeit und Reflexion.

Die Macht der Prägungen erkennen und auflösen Wer sich selbst in seinen Denk-, Fühl- und Verhaltensweisen achtsam beobachtet, wird feststellen, dass viele der gegenwärtigen Handlungen aus Prägungen resultieren, die sich im Lauf des Lebens im Organismus breitgemacht haben. Diese Muster gilt es sehr genau zu studieren und schrittweise zu entschlüsseln, um überhaupt zu neuen Blickpunkten und Handlungsweisen finden zu können.

Woher kommen diese starken Muster in uns? Wenn wir zur Welt kommen, sind wir ganz und gar auf unsere Eltern beziehungsweise erwachsene Bezugspersonen angewiesen. Mit all unseren Sinnen lesen wir unser Umfeld und spüren mit den allerfeinsten Antennen, was von uns erwartet wird. »Zugehörigkeit zum Rudel« ist der erste Reflex, dem wir als kleine Wesen folgen, denn der Schutz der Familie sichert zunächst unser Überleben und unsere Entwicklungsfähigkeit. Biologisch gesehen sind wir Säugetiere und durch unsere Grundbedürfnisse extrem abhängig davon, innerhalb eines sozialen Systems unseren Platz zu finden. Unser Fortbestehen, das von Nahrung, Schutz und Anerkennung dependiert, sichert sich durch ein gelungenes Zusammenspiel mit anderen.

In unseren Zellen tickt also die Strategie der Anpassung und Einordnung in eine Gruppenhierarchie. Denn unser Gehirn kann sich nur entfalten und wachsen, wenn wir Zuwendung und Ansprache von den Eltern und anderen Bezugspersonen erfahren. Um unsere Bewegungsfähigkeit, unsere Kommunikation, unser Denken, unsere Sprache, unsere Beziehungsfähigkeit, unsere Kraft zur Abgrenzung und anderes mehr konstituieren zu können, brauchen wir die Ansprache und das Vorbild eines Älteren. Um diese Anpassung zu gewährleisten, befindet sich in unserem psychischen System eine Instanz, die ständig beobachtet, ob wir den Regeln und Gepflogenheiten unseres Umfelds entsprechen und uns in unseren Äußerungen und Verhaltensweisen keine zu großen Abweichungen leisten. Dies könnte mit Ausgrenzung, sprich einer lebensbedrohlichen Situation verbunden sein. So übernimmt das Baby, das Kind und der Jugendliche zunächst ungeprüft Angewohnheiten und Überzeugungen seiner Familie, seiner Dorfgemeinschaft, seiner Lehrer und so weiter und verinnerlicht diese Leitplanken des Zusammenlebens urtief in sich.

Von seiner Grundfunktion ist diese Instanz in uns, die Sigmund Freud als Über-Ich titulierte, als Schutzfunktion gedacht. Sie soll uns helfen, uns innerhalb einer Gruppe zurechtzufinden. An sich ist die Instanz des inneren Richters nicht böse. Dieser Antreiber bringt uns manches Mal auf Trab und hilft uns, Bequemlichkeiten und auch Ängste zu überwinden. Allerdings braucht er einen kräftigen Gegenspieler, damit er nicht in Maßlosigkeit verfällt und uns ständig unter Druck hält. Ein unkontrollierter Richter torpediert ungehindert unser natürliches Selbstwertgefühl und unsere Gesundheit. Unser individueller Wesenskern dagegen drängt nach Individuation, nach ureigener Entfaltung, nach persönlichem Ausdruck. Zwischen diesen zwei konkurrierenden Grundprinzipien müssen wir ein Gleichgewicht finden. Das ist nicht immer einfach.

Alte Glaubenssätze treffen auf neue Lebensrealität Dauerhafte Resilienz kann nur erwerben, wer die Gedanken und Winkelzüge seines inneren Richters kennt. Sie drücken sich oft in Appellsätzen aus: »Du musst, du sollst, du darfst nicht ...« Bei genauerer Untersuchung haben sie meistens ihren Ursprung in Aussagen der Eltern, die entweder an das Kind direkt gerichtet waren oder von dem Kind kopiert wurden. Auch diffuse Stimmungen innerhalb der Familie veranlassten das Kind zu Interpretationen: »Wenn ich mich so oder so verhalte, haben mich meine Eltern lieb ...« Neben dem Familiengefüge nimmt das Kind, der Jugendliche und auch Erwachsene vielfältige Prägungen in unterschiedlichen Kontexten auf. Meistens konzentriert sich das innere Gespräch auf einige Kernaussagen, mit denen er sich selbst in Schach hält. Diese Kernaussagen heißen auch »Glaubenssätze«, da der Mensch diese Aussagen als bare Münze nimmt. Er »glaubt« an sie und zementiert mit ihnen sein Wirklichkeitskonstrukt. Und hier liegt ein wesentlicher Grund verborgen, warum sich im Moment so viele Menschen nicht nur an äußeren, sondern vor allem auch an inneren Ansprüchen auszehren. Die über Jahrzehnte eingespielte Strategie ihres Selbstmanagements passt mit der heutigen Realität nicht überein.

Wir leben zwar in der globalisierten Wissens- und Informationsgesellschaft, aber unser Mindset ist dieser Realität noch nicht gewachsen. Viel zu oft agieren wir aus tiefen Prägungen heraus, die wir unseren Eltern und Großeltern abgeschaut haben. Ihre Lebensrealität war durch Krieg, Vertreibung, Hunger, Not und einer gewaltigen Wiederaufbauleistung geprägt. Diese Generationen haben von klein auf lernen müssen, ihre Bedürfnisse zu unterdrücken und hintenanzustellen. Sie entwickelten innere Handlungsanweisungen, die ihnen Parolen für tapferes Durchhaltens waren: »Genug ist nicht genug«, »Erst die Arbeit, dann das Vergnügen« oder »Nicht geschimpft ist genug gelobt« – all diese Sätze trugen früher eine große Kraft in sich, da die Menschen keine andere Wahl hatten, als zu funktionieren. Heute kollidieren diese Glaubenssätze in uns mit offenen Märkten, uneingeschränkter Informationsflut, hohem Stresspegel. Um sich selbst aus dem Schraubstock dieses anspruchsvollen, ewig unzufriedenen Perfektionisten zu entwinden, ist es sinnvoll, die eigenen, sich wiederholenden Grundaussagen zu kennen und nach und nach auszuhebeln.

Wer Ruhe und Gelassenheit in seiner Tagesgestaltung etablieren möchte, sollte seine inneren und äußeren Antreiber gut studieren, um sie im Zaum halten zu können. Ganz außer Frage sind viele Werte und ethische Ausrichtungen unserer Vorfahren in punkto Fleiß, Disziplin, Höflichkeit, Ehrlichkeit und Respekt wesentliche Grundsäulen unseres Zusammenlebens, die aus menschlich-ethischen und auch sozialwirtschaftlichen Gründen unbedingt weiterhin gefördert gehören. Die besondere Positionierung Deutschlands auf dem Weltmarkt lässt sich sicher mit der beharrlichen Umsetzung dieser Tugenden erklären. Gerade Unternehmer im deutschen Mittelstand bestechen einerseits mit einer Mischung aus höchstem Leistungs- und Qualitätsanspruch und gleichzeitigen ethischen Grundsätzen und sozialer Fürsorge. Andererseits gehören Grundwerte immer wieder genau überprüft und auf einen aktuellen Stand gebracht. Das ewig preußische Auf-die-Zähne-Beißen und Um-jeden-Preis-Voranmachen bringt sichtbar zu viele Kollateralschäden mit sich.

Mehr vom Gleichen scheint für uns gefährlich zu werden. Bisher waren Wachstum und Beschleunigung immer die Garanten für Wohlstand und Erfolg. Dieses Wirtschafts- und Finanzmodell scheint sich überholt zu haben und führt sich selbst regelrecht ab absurdum. Unser Fortschritt lässt uns weniger fortschreiten als von uns selbst fort zu schreiten – bei dem Tempo, das wir draufhaben, müssen wir höllisch aufpassen, dass es uns nicht gemeinschaftlich aus der Kurve wirft.

Resiliente Menschen entwickeln ihre Denk-, Gefühls- und Handlungsmuster weiter

Wer sich komplexen Fragestellungen und Problemen stellt, über sie nachdenkt, nachfühlt und aktiv nach einer angemessenen Antwort sucht, nimmt das Ruder des Lebens in die Hand und beginnt seinen Alltag bewusst zu gestalten. Meistens gibt es keine einfachen Lösungen, denn das Leben kreiert zumeist sehr knifflige Situationen, die Durchhaltevermögen, Klarheit und Optimismus verlangen. Ganz außer Frage gibt es Personen mit einer besonders ausgeprägten Stressresistenz und einem unerschütterlich sonnigen Gemüt, die das Glas immer als halb voll sehen. Von diesen in sich ausbalancierten, robusten Menschen laufen aber gar nicht so viele herum, wie man denkt. Bei genauerer Betrachtung ist das angeborene Stehaufmännchen-Gen eher die Ausnahme. Viel öfter bilden Menschen erst im Laufe ihres Lebens diese innere Festigkeit aus, indem sie die verschiedensten Höhen und Tiefen ihres Schicksals meistern. Widerstände und Prüfungen zwingen sie dazu, alle nur möglichen Ressourcen und Potenziale in sich selbst flottzumachen.

Bruno Hildenbrand, Professor für Mikrosoziologie und Psychotherapeut, verwendet in diesem Zusammenhang den Begriff des Musters:

»Im Verständnis der Forschung handelt es sich bei der Resilienz [...] um Handlungs- und Orientierungsmuster, die Individuen in der Konfrontation mit und der Bewältigung von widrigen Lebensumständen herausbilden« (Welter-Enderlin/Hildenbrand 2006, S. 205).

Der Begriff des Handlungs- und Orientierungsmusters hebt hervor, dass es einem resilienten Menschen möglich ist, die eigenen Denk-, Fühl- und Verhaltensweisen positiv auszurichten und proaktiv weiterzuentwickeln. Neben dieser konstruktiven Selbststeuerung gelingt es ihm, unterstützende Ressourcen in seiner Umgebung zu erkennen und gezielt zu nutzen. Aus dieser Kombination kreiert er einen souveränen Umgang mit den sich verändernden Lebenssituationen. Resilienz entsteht durch einen wechselseitigen Austausch zwischen Mensch und Umwelt. Unsere tief eingeprägten Muster sind zwar zäh, aber wir sind ihnen nicht hilflos ausgeliefert, wie ein spannendes Interview mit Professor Gerald Hüther, Leiter der Zentralstelle für Neurobiologische Präventionsforschung der Universitäten Göttingen und Mannheim/Heidelberg klarstellt. Sein Forschungsinteresse gilt der angewandten Neurobiologie.

Hier das Interview, das Sylvia Kéré Wellensiek vor einigen Monaten mit ihm führen konnte:

Sylvia Kéré Wellensiek: »Herr Hüther, Sie machen durch Ihre Vorträge und Publikationen großen Mut, dass eingeschliffene Muster und Prägungen selbst im fortgeschrittenen Alter noch veränderbar sind. Können wir uns tatsächlich bis ins hohe Alter verändern und weiterentwickeln?«

Gerald Hüther: »Ja, das ist so. Jahrzehntelang ist die Forschung davon ausgegangen, dass die während der Hirnentwicklung ausgebildeten neuronalen Verschaltungen und synaptischen Verbindungen unveränderlich sind. Heute weiß man, dass das Gehirn zeitlebens zu adaptiven Modifikationen und Reorganisationen seiner einmal angelegten Verschaltung befähigt ist. Ein menschliches Gehirn ist in der Lage, einmal entstandene Programme wieder aufzulösen oder zu überschreiben, sobald sie die weitere Entfaltung der geistigen und emotionalen Potenzen zu behindern beginnen. Jeder Mensch ist zu tiefgehenden Lern- und Veränderungsprozessen befähigt – er muss sich zunächst nur über seine bisherigen Programmierungen bewusst werden.«

SW: »Warum wiederholen wir so gern Verhaltensweisen, selbst wenn sie uns nicht guttun?«

GH: »Jede Art Programm, das durch Belastung und Stress entstand, ist eine Erinnerung an einen erfolgreichen Lösungsweg, den der Mensch schon mal gefunden hat. In der damaligen Notsituation war es wichtig für ihn, diesen Weg zu gehen, zum Beispiel nicht auf seinen Körper zu achten und seine Gefühle und Wahrnehmungen zu unterdrücken. Zunächst hat er erlebt, dass ihm diese Bewältigungsstrategie geholfen hat, die Situation zu meistern und zu überleben. Dieses Programm wurde dann durch entsprechende Belohnungssysteme, das heißt, mithilfe neurobiologischer Botenstoffe regelrecht gedüngt und somit fest verankert.

Erfahrungen, die sich mit tiefen Gefühlen koppeln, werden im präfrontalen Kortex, einem hochkomplexen Bereich unseres Gehirns, abgespeichert. Wenn wir während einer Tätigkeit, die wir ausführen, Ablehnung erfahren, wandert dieses Erleben nicht nur in das kognitive, sondern auch das emotionale Netzwerk in der präfrontalen Rinde. Beide Systeme werden miteinander verkoppelt und verankern sich so besonders tief. Wir brauchen uns nur an Situationen aus der Schulzeit erinnern. Viele Kinder haben zum Beispiel im Musikunterricht abwertende Erfahrungen gesammelt. Noch nach Jahrzehnten können sie sich an kleine Details erinnern, wie sie vor der Klasse vorsingen mussten und dafür ausgelacht wurden oder eine schlechte Bewertung erhielten. In diesem

Moment verkoppelt das Gehirn: Singen bedeutet Kränkung – und diese Grunderfahrung steuert nun alle weiteren Entscheidungen, sich mit Musik weiterzubeschäftigen oder eben nicht. Durch ein negatives Erlebnis werden viele positive, glückliche Erfahrungen und Entwicklungsmöglichkeiten im Keim erstickt.

Widerfährt dem Kind auch in anderen Kontexten das ähnliche Erlebnis, dass sich perfekte Leistung mit viel Anerkennung koppelt, und weniger Leistung dementsprechend mit weniger Wertschätzung und Zuneigung, bildet sich ein Erfahrungsbündel, das auch Metaerfahrung genannt wird. Diese bildet die Grundlage einer inneren Haltung, im Englischen auch ›Mindset‹ genannt. Viele Menschen agieren aus dem Mindset, dass sie in allen Lebensgebieten möglichst perfekte Leistung abliefern sollten, um Wertschätzung und Respekt, letztlich Liebe zu erfahren. Diese tiefsitzende Haltung begünstigt eine Erschöpfungserkrankung ungemein.

Jeder Mensch versucht, zwei Grundbedürfnisse zu erreichen: Verbundenheit und Freiheit. Wer sich für das Gefühl der Zugehörigkeit ständig überfordern und verausgaben muss, erreicht weder das eine noch das andere. So ergeht es Burnout-Patienten. Sie ziehen sich immer weiter zurück und haben kaum mehr Handlungsspielräume.«

SW: »Wie können wir uns von alten Mustern lösen?«

GH: »Eine Programmierung entsteht durch Erfahrungen – und auf diesem Weg lässt sie sich auch wieder überschreiben. Erfährt ein Mensch, dass er auch geliebt und anerkannt wird, wenn er mal schwach und unperfekt ist, verankert sich auch dieses Bild in seinem Gehirn. Je öfter und intensiver er diese schöne Erfahrung macht, umso stärker programmiert er sich um. Denn diese positive Erfahrung ist grundsätzlich keine neue, die er macht; sie knüpft an etwas an, was schon da ist. Die meisten Babys und Kleinkinder haben neben emotionalen Entbehrungen auch Liebe, Wärme und Ruhe erfahren. Jeder Mensch trägt neurobiologisch einen Goldklumpen in sich. Über diesen hat sich im Lauf der Zeit ein Misthaufen gelegt. Es gibt Techniken, die versuchen den ganzen Misthaufen wegzuräumen, das dauert natürlich Jahre. Weitaus schneller funktionieren Techniken, die quasi eine Tiefenbohrung machen und den Menschen zügig mit seinem Goldklumpen in Verbindung bringen. Auf diesem Weg können rasch sehr positive Erfahrungen gemacht werden, die den Weg zu tiefergehenden Veränderungen ebnen.

Stressreaktion haben wir nicht deshalb, damit wir krank werden, sondern damit wir uns ändern können. Krank werden wir erst dann, wenn wir die Chancen, die sie uns bieten, nicht nutzen. Wenn wir die Herausforderungen, die das Leben bietet, vermeiden ebenso, wie wenn wir immer nur ganz bestimmte Herausforderungen suchen. Wenn wir uns weigern, diese Angst vor Veränderung zuzulassen und unsere Ohnmacht einzugestehen, ebenso, wie wenn wir unfähig sind, nach neuen Wegen zu suchen, um sie überwindbar zu machen. Auch das gilt für jeden Einzelnen ebenso wie für Gemeinschaften oder Gesellschaften, die sie alle zusammen bilden.«

Resilienz als Vertrauen – Vertrauen ins Leben

Als Kern unseres Vertrauens als Menschen wird das Urvertrauen betrachtet. Urvertrauen entsteht, wenn die mütterliche Bezugsperson für den Säugling und das Kleinkind in ausreichender Weise verfügbar ist, es auf sich einstimmt, sich in das Kind einfühlt, auf seine Bedürfnisse, Emotionen und Äußerungen eingeht und ihm das Gefühl gibt, geborgen zu sein, dazuzugehören, willkommen zu sein, letztendlich angenommen und geliebt zu sein. All diese Erfahrungen können gestört werden, schicksalhaft durch den Verlust früher Bezugspersonen, aber auch durch mangelnde Einfühlungsfähigkeit oder weil ein Kind unwillkommen ist oder abgelehnt wird. Dann entsteht – so wird manchmal gesagt – ein Urmisstrauen dem Leben gegenüber. Aber es ist eigentlich kein Misstrauen, sondern eine zerrüttete oder gebrochene Basis der Persönlichkeit, die in sich selbst zerrissen oder gespalten ist und keinen inneren Halt besitzt. Ohne Urvertrauen leben wir Menschen unter einer ständigen Bedrohung, uns zu verlieren, verletzt zu werden oder unser Leben zu verlieren, sodass das Leben mehr einer Art Überlebenskampf oder einer Abwehr des Lebendigen in uns gleicht. Das Urvertrauen ist die Basis dafür, dass wir ein angemessenes Vertrauen in uns selbst und in andere Menschen gewinnen können (»Vertrauen in Vertrauen«).

Selbstvertrauen oder »personales Vertrauen« ist der wichtigste Faktor für ein gesundes Leben, wie uns die moderne Gesundheitspsychologie lehrt. Gesundheit – nicht nur seelische Gesundheit – basiert auf dem sogenannten »Kohärenzsinn«, dem Vertrauen darin, dass ich auf mein eigenes Leben Einfluss nehmen kann. Dieses Prinzip wird auch manchmal als »Selbstwirksamkeit« bezeichnet: Ich bin also in der Lage, selbst auf mein Leben wirken zu können. Selbst wenn die Bedingungen schwierig sind, habe ich noch

Handlungsmöglichkeiten und das Vertrauen darin, diese nutzen zu können.

Die dafür erforderliche Kompetenz ist die Selbstführung. Selbstführung sollte eigentlich jeder Mensch bereits in der Schule lernen. Sie besteht zunächst aus der *Selbststeuerung*, aus der Fähigkeit, sich selbst in den jeweiligen Situationen steuern und regulieren zu können. Dies kann heißen, zentriert zu sein, sich in einem inneren Gleichgewicht zu befinden, innere Achtsamkeit zu besitzen, seine Gefühle wahrnehmen und mit ihnen umgehen zu können, sich selbst im Kontakt und in Gesprächen erleben und regulieren zu können. Das *Selbstmanagement* meint die Fähigkeit, sich selbst Ziele setzen zu können, seine eigenen Lebens- und Arbeitsbereiche sinnvoll zu planen, über ein effektives Zeitmanagement zu verfügen und die eigenen Vorsätze auch umsetzen zu können. *Selbstführung*, mittel- und langfristig betrachtet, bedeutet, sein eigenes Leben gestalten zu können, gemäß der eigenen Lebensvisionen sich selbst zu verwirklichen, Partnerschaft und Familie zu gestalten, seine Karriere zu planen und Erfüllung in seinem beruflichen Handeln zu finden. Eine gute Selbstführung ist sicherlich fundamental für eine Burnout-Prophylaxe, darüber hinaus ist sie jedoch auch der Kern jeglicher Resilienzentwicklung und somit die Basis unserer psychosozialen Kompetenz.

Soziales Vertrauen Den zweiten großen gesundheitsförderlichen Faktor könnte man »soziales Vertrauen« nennen: unsere Fähigkeit, uns auf Beziehungen einzulassen, uns anderen Menschen anzuvertrauen, uns hinzugeben an ein Wir, eine Partnerschaft, eine Freundschaft, eine Arbeitsbeziehung, und uns in dieser Beziehung beeinflussen und führen zu lassen, ohne uns darin zu verlieren. Psychologisch gesehen besteht eine der größten Aufgaben eines modernen erwachsenen Menschen darin, sowohl sich selbst zu entfalten und zu verwirklichen als auch sich als Teil mitmenschlicher Beziehungen, einer größeren Gemeinschaft zu erleben und einzubringen. An dieser Gleichzeitigkeit scheitert unsere gegenwärtige egozentrische und individualistische Kultur. In Beziehungen nicht als eigener Mensch wahrgenommen, sondern missachtet oder gar missbraucht zu werden, kann oftmals dazu führen, dass wir uns zurückziehen und dann selbst genauso andere Menschen nur für unsere Zwecke benutzen. Und auch eine tiefere Beziehung basiert nicht auf einem reinen Austausch zweier Menschen, die immer darum ringen, ob die Balance von Geben und Nehmen stimmt, sondern letztlich auf Liebe – also auf der Fähigkeit, etwas zu geben und sich selbst dabei zu überschreiten, in dem Wissen und schließlich dem Vertrauen darauf, dass die Teilhabe an dem Beziehungsganzen einen wesentlich größeren Reichtum darstellt als der unmittelbare Rücklauf an Zeit, Anerkennung, Bestätigung, Befriedigung und so weiter.

Spirituelles Vertrauen »Vertraue auf Gott, aber binde dein Kamel an!« So einfach dieser Sufi-Spruch zu klingen scheint, er hat es ziemlich in sich! Spirituelles Vertrauen ist der dritte große gesundheitsförderliche Faktor, wie Wilfried Belschner, inzwischen emeritierter Universitätsprofessor aus Oldenburg, in vielen Studien, an denen auch wir beteiligt waren, nachgewiesen hat. Menschen mit einem spirituellen Bezug sind gesünder und haben bessere Heilungschancen als andere. Spirituelles Vertrauen ist das Vertrauen darin, Teil eines größeren Zusammenhangs zu sein, Ausdruck eines Unbekannten, eines göttlichen Urgrunds oder wie auch immer Sie das nennen wollen. Es basiert auf der Erfahrung, nicht verloren gehen zu können im Kosmos, getragen zu sein von etwas Unbekanntem, das mich auch sterben lassen wird.

Für einen religiösen Menschen ist es der Glaube an Gott, für einen spirituellen Menschen das Wissen um das große Unbekannte, das dieses Vertrauen hervorbringt. Doch zugleich ist es die Erfahrung, dass das Göttliche, Absolute, Größere, sich auch in mir als Ich, in dieser Welt, als diese Welt, in diesem Leben, als dieses Leben manifestiert. Auch diese Welt mit all ihren Krankheiten, Störungen, Widersprüchen und Grausamkeiten ist Ausdruck dieses Unbekannten und folgt einer Intelligenz, die wir noch weit entfernt sind zu begreifen. Darum binde dein Kamel an, denn du bist Teil dieser Welt, und vertrau auch darauf, dass deine Urteilskraft ein Teil dieser Intelligenz ist! Dies ist für uns gegenwärtig eine große Lektion: Für nicht-spirituelle Menschen, die ihr Kamel lediglich gemäß dem Spruch »Vertrauen ist gut, Kontrolle ist besser« anbinden, besteht sie darin zu erkennen, dass unser Leben viel tiefer und weiter ist, als wir es uns bisher vorgestellt haben, und dass wir aus dieser Dimension Orientierung und Kraft schöpfen können. Und für spirituelle Menschen bedeutet diese Lektion, nicht abzuheben im Vertrauen darauf, dass alles schon »irgendwie gut« wird (zum Beispiel, wenn ich schwer krank bin), sondern anzuerkennen, dass das Wissen, die Technologie der Welt und sicherlich auch unsere Wirtschaftsstrukturen ihren eigenen Wert besitzen.

Zusammengefasst haben sich aus der Gesundheitsforschung also drei wesentliche Faktoren ergeben:

- **Selbstvertrauen:** Am bekanntesten sind die Theorien der Kohärenz und der Selbstwirksamkeitserwartung, die darauf beruhen, dass wir uns in Bezug auf unsere eigene Gesundheit und unserer eigene Lebensgestaltung als wirksam erfahren.
- **Soziales Vertrauen,** das auf der Fähigkeit zur Herstellung von Beziehung und Bindung basiert.
- **Spirituelles Vertrauen** – im Sinne von spirituellem Bezug und Religiosität, das die Erfahrung von Sinn im Leben ermöglicht.

Beurteilen Sie sich selbst

	wenig 1	2	3	4	viel 5
Ich besitze innere Stärke und Widerstandsfähigkeit.	☐	☐	☐	☐	☐
Ich kann mich balancieren und ausgleichen.	☐	☐	☐	☐	☐
Ich kann mich entspannen und innerlich loslassen.	☐	☐	☐	☐	☐
Ich habe soziale Unterstützung am Arbeitsplatz.	☐	☐	☐	☐	☐
Ich habe gute enge Beziehungen (Partner, Familie, Freunde).	☐	☐	☐	☐	☐
Ich habe Zeit für befriedigende Kontakte.	☐	☐	☐	☐	☐
Ich bin ein bewusst lebender Mensch.	☐	☐	☐	☐	☐
Ich empfinde Sinn in meinem Leben.	☐	☐	☐	☐	☐
Glaube, Religion und/oder Werte geben mir Kraft.					

Der Fragebogen bezieht sich auf die drei Komponenten der Resilienz, für die jeweils drei Fragen gestellt werden: personale, soziale und spirituelle Kompetenz beziehungsweise Sinnempfinden.

Intuition als Resilienzkompetenz

In der Psychologie wird die Intuition bei C. G. Jung als Wahrnehmungsfunktion verstanden, die ganzheitlich und vor allem unbewusst abläuft. Überhaupt versteht die Psychoanalyse Intuitionen als Produkte unbewusster Prozesse, die durch die Ratio analysiert, überprüft und geordnet werden müssen. Roberto Assagioli dagegen ordnet die Intuition dem Überbewussten oder dem höheren Selbst zu und betrachtet sie im Gegensatz zum analytischen Verstand als eine synthetische Funktion, die die Gesamtheit der Wirklichkeit in ihrer lebendigen Existenz erfasst. Zusammengefasst betont die Tiefenpsychologie also ebenfalls den Anschauungsaspekt der Intuition und ordnet ihn meist unbewussten Prozessen, aber auch überbewussten Prozessen zu, die dem rationalen und analytischen Verstand gegenübergestellt werden.

In anwendungsorientierten Gebieten, wie zum Beispiel der Medizin, der Managementlehre oder auch der Kunst wird das kreativ-konstruktive Moment der Intuition viel stärker betont. Intuition bezieht sich hier nicht nur auf die Wahrnehmung und Wissensverarbeitung, um zu guten und richtigen Urteilen zu kommen, wie etwa in der medizinischen oder psychopathologischen Diagnostik, sondern sie bezieht sich vor allem auch auf Entscheidungsprozesse, zum Beispiel, welches die richtige Intervention für einen gegebenen Sachverhalt ist. Welches ist in einem konkreten Krankheitsfall die richtige Behandlungsmaßnahme? Welches ist im therapeutischen Interaktionsprozess zwischen Therapeut und Patient die richtige oder angemessene Intervention? Welches ist die richtige unternehmerische Entscheidung angesichts der Entwicklung eines Unternehmens und mehrerer möglicher Alternativen? Intuition beeinflusst das Verhalten. Im künstlerischen Prozess – beispielsweise des Malens eines Bildes oder der Improvisation eines Musikstücks – zeichnet sich das Genie eben durch einen Strom intuitiven Schaffens aus. Zusammengefasst ergibt sich aus den modernen anwendungsorientierten

Wissenschaften und der Kunst ein Intuitionsbegriff, der sich vor allem auf ganzheitliche und erfahrungsorientierte Entscheidungen und auf eine kontinuierliche Ausrichtung des Handelns bezieht. Das prozessuale Element der Intuition, die nicht nur eine plötzliche Einsicht vermittelt, sondern sich etwa im künstlerisch-kreativen Prozess ständig gestaltend auswirkt, wird hier besonders sichtbar.

Die bisherigen Ausführungen sollten die Breite und Tiefe des Begriffs der Intuition aufzeigen und eine Begründung liefern für eine grundsätzliche Definition, die eine Reduktion auf einzelne Aspekte vermeidet. Wir möchten nun vorschlagen, Intuition auf folgende Weise zu definieren:

Definition von Intuition

Intuition ist das Prinzip der Steuerung der inneren Prozesse. Intuition ist somit eine zunächst unbewusste und dann zunehmend bewusste Steuerung des Erlebens und Verhaltens. Intuition steuert also Wahrnehmung, Denken, Fühlen und Handeln in ihren verschiedenen Modalitäten. Zusammengefasst definieren wir Intuition als unbewusste und zunehmend bewusste Steuerung der Prozesse unserer Wahrnehmung, unseres Denkens, Fühlens und Handelns.

Diese Steuerungsfunktion entwickelt sich von einem zunächst unbewusst ablaufenden Wirkprinzip zu einer zunehmend wahrnehmbaren und bewusst einsetzbaren Funktion. Als Kind sind wir den unbewussten impulsiven, gefühlsmäßigen oder mythologisch bestimmten Prozessen der Intuition relativ ausgeliefert. Mit der Entwicklung der analytischen, rationalen Funktionen entstehen auch Konflikte mit prärationalen Funktionen, die klassischerweise als neurotische Konflikte betrachtet werden oder zu einer Polarisierung zwischen rationaler Steuerung und irrationaler Steuerung (zum Beispiel »Bauchgefühl«) führen. Auch das Spannungsverhältnis der unterschiedlichen Steuerungsarten und

Steuerungsqualitäten (beispielsweise vernunftbestimmt versus gefühlsbestimmt oder erfahrungsgeleitet versus wissensgeleitet) wird unseres Erachtens intuitiv vermittelt. Im alltäglichen Bewusstsein ist jedoch der intuitive Steuerungsprozess in seiner Wirkweise noch nicht erkennbar. Die Aufmerksamkeitslenkung, die Ausrichtung unserer Bewusstheit ist noch eine unbeachtete Folge der inneren Steuerungsprozesse. Der Übergang zu einem intuitiven Bewusstsein zeichnet sich zunächst zentral durch eine größere Bewusstheit aus.

Diese Entwicklung und Entfaltung kann bewusst gespürt und damit das Wirken der inneren intuitiven Steuerung wahrgenommen werden. Im bewussten Erleben des Bewusstseinsstroms kann dieses subtil steuernde Moment gespürt und erfahren werden. Man könnte es Intuition in Aktion, intuitio in actu, nennen.

Aus dem dargestellten Konzept ergeben sich einige Eigenschaften der Intuition:

- Intuition ist eine schwebende, offene, unbestimmte, gewissermaßen »bereite« Bewusstseinshaltung. Sie ist nicht mit einem Sinneskanal, einer Perspektive oder einem bestimmten Inhalt beziehungsweise einem Konzept identifiziert. Sie ist in der Lage, innezuhalten und die verschiedenen Eindrücke zu vergegenwärtigen.
- Da Intuition nicht an Konzepte gebunden ist, besitzt sie eine Offenheit für das Neue. Intuitiv kann etwas Neues erkannt, aber auch geschaffen werden. Sie ist damit der Ort der Kreativität, des spontanen Entstehens neuer Impulse, Einfälle und Ausdrucksformen. Intuitiv wird auch das Neue entfaltet und taucht auf als Ahnung und Vision.
- Intuitive Prozesse zeichnen sich aus durch Spontaneität und Unmittelbarkeit. Geistig besitzen sie das Merkmal der Evidenz, der unmittelbaren Einsicht oder Nachvollziehbarkeit. Emotional werden sie als stimmig erlebt. Das Empfinden von Stimmigkeit ist vor allem für persönliche Entscheidungsprozesse

wichtig. Hier spielt auch das Kriterium der Angemessenheit eine Rolle, die ebenfalls nur intuitiv gespürt wird.

- Intuitives Wirken ist ganzheitlich. Intuition verarbeitet sozusagen die Gesamtheit der Erfahrungen und des Erlebens und synthetisiert daraus eine Handlungsweise oder eine Neuausrichtung der Wahrnehmung. Intuition besitzt somit einen synthetisierenden oder integrierenden Charakter.
- Intuition ist eine Seelenfunktion, enthält Eigenschaften wie innere Stille, Leere, Unberührtheit, Ursprünglichkeit, Losgelöstheit, Freiheit, Nichtidentifiziertheit, Rezeptivität, Zentriertheit, Seligkeit, Kontakt zum Seinsgrund.
- Durch Intuition ist ein Zugang zu subtileren Erfahrungen möglich: außersinnliche Wahrnehmungen, Trendwahrnehmungen, Zukunftsschau, Erkennen von Potenzialräumen, Visionen, energetische Empfindungen, Spüren von Atmosphären.
- Intuition steuert unterschiedliche Bewusstseinszustände wie Schlafen und Wachsein, Rationalität und Emotionalität, kindliche, erwachsene und transpersonale Zustände, veränderte Bewusstseinszustände.
- Kern der intuitiven Erfahrung ist das Erleben des Gleitens, des Fließens, das nicht gemacht wird, sondern sich ereignet und vertiefen kann zum Flow-Erlebnis. Flow wird hier verstanden als das Aufgehen im Gleiten, als Intuition in Aktion.

Intuition ist in diesem Sinn kein Bauchgefühl, sondern die steuernde Funktion unseres Bewusstseins. Intuitiv richten wir unsere Aufmerksamkeit aus, verarbeiten unsere Wahrnehmungen, entscheiden, handeln und spüren wieder die Folgen unseres Tuns. Insofern ist sie nicht nur die entscheidende Kompetenz eines Arztes, um eine gute Diagnose zu treffen, die Auswirkungen der eigenen Interventionen und Behandlungsmaßnahmen angemessen zu beurteilen und einem Patienten einen unterstützenden mitmenschlichen Beistand geben zu können. Sondern sie ist letztlich das Herzstück einer Kunst des Wirtschaftens. Intuition bedeutet zunächst einmal, eine große Offenheit und innere Freiheit zu besitzen, nicht gefangen zu sein in einem Wertesystem, einer Perspektive oder einem Paradigma. Intuition bedeutet zunächst einmal beobachten:

- das Unternehmen
- den Markt
- die Menschen
- die Zahlen
- die Prozesse
- die Rahmenbedingungen

Intuition bedeutet, all das in sich aufzunehmen und es in sich zu spüren, in sich wirken zu lassen, und so ein inneres Verständnis für das eigene Unternehmen, für die eigene Person, für die gegenwärtige Situation entstehen zu lassen.

Manchmal ist dieses Verständnis nicht einfach, nicht exakt beschreibbar, sondern eher ein Bild, eine Vision oder lediglich ein Impuls. Intuition ist ein kreativer Akt: Vielleicht bringt sie ein neues Konzept hervor, eine neue Idee – oder sie bestätigt nur etwas Vorhandenes, folgt einem Trend, gibt etwas auf, lässt etwas los. In jedem Fall wirkt sie unmittelbar. Ihre Impulse und Äußerungen besitzen eine Stimmigkeit und Angemessenheit. Der Sinn erscheint dem Handelnden evident.

In seiner Intuition bewusst verankert zu sein bedeutet, sich selbst ganz zur Verfügung zu haben, inmitten seines Lebens zu stehen, inmitten seines Erlebens und Handelns zu sein. Dies ist es auch, was uns an begnadeten Künstlern so beeindruckt. Im Film »Trip to Asia«, der die Konzerttournee der Berliner Philharmoniker zusammen mit Sir Simon Rattle zeigt, kann man beobachten, wie Simon Rattle als Dirigent inmitten der Musik zu floaten scheint, sie spürt und zugleich lenkt, sie empfindet und sie gestaltet und nuanciert, sodass ein gemeinsamer Klang – ein Einklang – entsteht, wie er es auch in einem der Interviews nennt. Im Einklang mit der Melodie unseres Lebens zu sein, das ermöglicht die Intuition. Im Einklang mit unserem wirtschaftlichen Handeln zu sein, das könnte eine resiliente Kunst des Wirtschaftens darstellen.

Resilienzentwicklung ist Persönlichkeitsentwicklung

Mut fassen und neue Wege gehen

All die bisher zusammengetragenen Facetten machen deutlich, dass es bei einer gezielten Resilienzförderung nicht bei oberflächlichen Schulungsmaßnahmen bleiben kann – dazu sind die benannten Themen zu breit gefächert und auch zu tiefgehend. Es gilt, sich Zeit zu nehmen und genau zu werden.

Viele Menschen in unserer Gesellschaft benötigen die Fähigkeiten der balancierten Selbststeuerung, die sie bislang weder in der Schule, der Berufsausbildung noch an der Uni erlernen konnten. Dass diese Kenntnisse eine ungeheure Relevanz für unsere gesellschaftliche Zukunftsfähigkeit haben, dringt erst langsam ins Bewusstsein. Auf diese sogenannten weichen Faktoren wurde bisher so wenig Wert gelegt, dass sie in keinem klar strukturierten, kontinuierlich aufbauenden Lehrplan Einzug gehalten haben.

Glücklicherweise gibt es viele gute Beispiele, wie diese Grundfertigkeiten des Lebens präventiv vermittelt werden können; wir werden darauf noch detailliert eingehen. Allerdings sind all diese guten Beispiele noch Einzelinitiativen, die nur einen geringen Teil der Bevölkerung erreichen. Im Moment galoppieren wir noch in eine ganz andere Richtung, und diese Wirklichkeit wird unserer Gesellschaft vermutlich noch schwer zu schaffen machen. Umso deutlicher möchten wir klarmachen, welche Chance und welches Potenzial im Bereich der Bewusstseinsentwicklung liegen.

Heute sind sich Wissenschaftler einig: Resilienz ist keine Eigenschaft, die uns Menschen von Natur aus in die Wiege gelegt wurde. Sie ist eine Veranlagung, die bei jedem unterschiedlich ausgeprägt ist, aber aktiv angestoßen und gestärkt werden kann. An dieser Stelle setzt ein Resilienztraining an. Es ermutigt, sich intensiv mit sich selbst zu beschäftigen und sein Leben aktiv, nach den eigenen Wünschen, Anliegen und Befähigungen zu gestalten. Es unterstützt, Erschöpfungssymptome ernst zu nehmen und sie präventiv anzugehen: Nicht warten, bis Überbeanspruchung und Erschöpfung zu groß werden und den ganzen Organismus schachmatt setzen, sondern im Vorfeld die Bremse ziehen, den Symptomen auf den Grund gehen, Handlungsspielräume erkennen und direkt nutzen. Ein balanciertes, glückliches, erfülltes Leben kann aus Selbstbewusstsein und Achtsamkeit erwachsen. Diese Eigenschaften kann jeder von uns kultivieren, wenn er auf verständige Art und Weise dort hingeführt wird.

Die meisten Publikationen und Trainingsansätze der letzten Jahre beziehungsweise Jahrzehnte beziehen sich dabei auf die in den 1980er-Jahren postulierten sieben Säulen. Wir möchten dort anknüpfen und gedanklich weiterführen.

Wie wir schon beschrieben haben, zeichnet einen resilienten Menschen ein ganzes Kompetenzbündel aus. Widerstandskraft wächst im Laufe eines Lebens und reift in einem Menschen durch die bewältigten und verarbeiteten Höhen und Tiefen. Zur Kernkompetenz resilienter Menschen gehört, den Kopf nicht in den Sand zu stecken, sondern immer wieder neu nach Chancen und Möglichkeiten zu schauen, wie das persönliche sowie das Leben anderer konstruktiv verbessert werden kann. Das bedeutet nicht, dass diese Menschen sich durch nichts mehr aus der Ruhe bringen lassen. Resiliente Personen fühlen sich bisweilen auch schwach oder persönlich verletzt. Aber sie haben die Fähigkeit entwickelt, ihre Situation immer wieder aus einem neuen Gesichtspunkt zu betrachten. So entwickeln sie frische Sichtweisen und kommen zu angemessenen Lösungsideen. Dabei geht es weniger um konkrete Verhaltensregeln, vielmehr um eine bestimmte Haltung zum Leben. Mit welchen konkreten Verhaltensweisen sie diese innere Haltung im praktischen Alltag umsetzen, ist sehr unterschiedlich.

Dementsprechend sollte auch eine fundierte, nachhaltige Resilienzentwicklung weniger an Verhaltensweisen ansetzen, sondern vielmehr an der inneren Haltung eines Menschen. Insofern ist Resilienztraining immer auch Persönlichkeitsentwicklung: Loslösung von alten Mustern und Angewohnheiten und Entwicklung neuer, sinnvollerer Handlungsmöglichkeiten.

Das ist kein leichtes Unterfangen. Wir alle wissen, wie schwierig es ist, sich von alten, eingeprägten Mustern zu lösen. Jedoch wurden in den vergangenen Jahrzehnten viele Erfahrungen darüber gesammelt, welche Methoden im Bereich der Persönlichkeitsentwicklung tatsächlich greifen und welche nicht.

Neurobiologische Erkenntnisse weisen beispielsweise darauf hin, dass es unerlässlich ist, den Menschen in all seinen Dimensionen von Körper, Gefühl und Verstand gleichzeitig wahrzunehmen und anzusprechen. In unserem Verständnis spielt auch die Wahrnehmung der Seele, des individuellen Wesens des Menschen mit seinem ureigenen Sinn- und Werteverständnis eine ausschlaggebende Rolle. Je mehr Sinne in den Lernprozess involviert werden, umso größer ist die Chance, dass tief eingespeicherte Verhaltensprogramme tatsächlich umgeschrieben werden können. Auch muss der Wunsch entwickelt werden, etwas zu verändern. Ohne Selbstreflexion und engagierte Eigenverantwortung kann keine konsequente Umsetzung stattfinden.

Es ist genau zu unterscheiden, welche Personen für solch eine Präventionsmaßnahme geeignet sind. Schnell und intensiv wirksam zeigen sich Resilienztrainings bei Menschen, die in ihrem bisherigen Leben psychisch stabil waren, aber durch zunehmende Überforderungen in eine innere Entkräftung und Schieflage geraten sind. Medizinisch sprechen wir an dieser Stelle von einer Art Anpassungsstörung, die in der Regel auch klinisch gut behandelt werden kann. Tiefer gehende psychische Erkrankungen gehören in medizinisch-therapeutisch kompetente Hände. Nach einer stationären oder ambulanten Therapie dienen resilienzfördernde Maßnahmen der Stabilisierung und helfen bei einer Neuorientierung im Leben.

Das folgende Konzept stellt exemplarisch eine mögliche Herangehensweise vor.

Die Entwicklung von Resilienz setzt auf drei Ebenen an

Bei den Trainings werden dabei die drei Ebenen aufgegriffen, die im Zusammenhang mit der Längsschnittstudie von Emmy E. Werner bereits beschrieben wurden. Übersetzt auf den Alltag sind diese Einflussfaktoren:

- die persönliche Grundhaltung
- die sozialen Ressourcen
- die umweltbezogenen, arbeitsbezogenen Ressourcen

Unserer Erfahrung nach können Menschen ihre innere Widerstandskraft, ihr Selbstbewusstsein, ihr Gefühl für Selbstwirksamkeit und ihre Souveränität am intensivsten fördern, wenn sie auf diesen drei Ebenen gleichzeitig ansetzen und sich mit deren Einflussfaktoren konstruktiv auseinandersetzen. Sie lernen dabei Folgendes:

- Die Beziehung zu sich selbst aktiv zu verbessern, sich selbst besser kennenzulernen und die angeborenen persönlichen Eigenschaften auszubauen – zum Beispiel: Reflexionsfähigkeit, Konfliktfähigkeit, lösungsorientiertes Denken. Der Fokus liegt dabei besonders auf der Bewusstmachung der schon selbst entwickelten Resilienzfaktoren (das persönliche Erfahrungswissen).
- Kontakte und Beziehungen zu anderen Menschen zu verbessern, um ein tragendes soziales Netz zur Verfügung zu haben.
- Umgebungen so zu gestalten und zu verändern, dass mögliche Handlungsspielräume erkannt und genutzt werden können,

beispielsweise auf die Belastungen in der Arbeitswelt direkten Einfluss zu nehmen.

Die genaue Beschäftigung mit der persönlichen Grundhaltung

Als Erstes steht der Mensch mit seinen Dimensionen von Körper, Gefühl, Verstand und Seele im Mittelpunkt.

Den meisten Menschen ist nicht bewusst, in welchen Verhaltens- und Gefühlsmustern sie agieren und welche Werte ihr Denken und Handeln beeinflussen. Deshalb werden gewohnte Denk- und Verhaltensweisen differenziert auf den Prüfstein gelegt und gegebenenfalls weiterentwickelt. Persönliche Kraftquellen werden erkundet und in einen achtsamen Tagesablauf integriert. Klare Ziele werden benannt und durch kleine, realistische Schritte verwirklicht. Fundierte Verhaltensänderungen basieren zunächst auf dieser kontinuierlichen Arbeit an sich selbst in praktischen, erreichbaren Schritten. Weiterführend wird die Grundeinstellung zu anderen Menschen und zur eigenen Umgebung unter die Lupe genommen und differenziert weiterentwickelt. Das Hauptanliegen der Arbeit ist die Stärkung des wirklichen »Selbstbewusstseins«.

Der folgende Kompass fasst die Resilienzfaktoren verschiedener Dimensionen übersichtlich zusammen. Er ist eine mehrperspektivische Betrachtungshilfe für Entwicklungs- und Handlungsfelder.

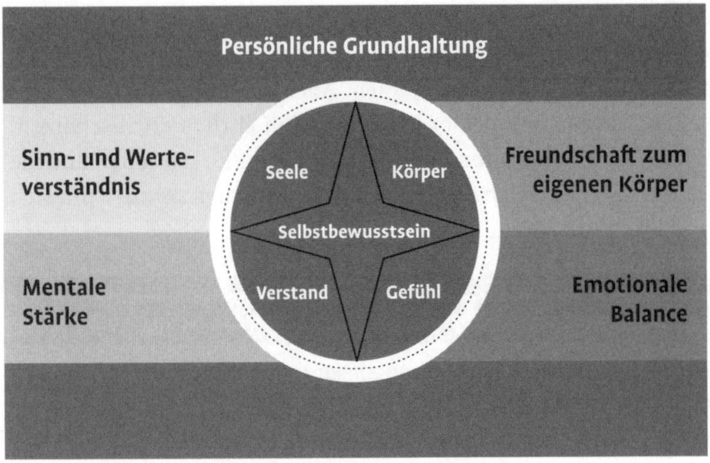

Resilienzfaktoren auf persönlicher Ebene (Quelle: Wellensiek)

Einladung zum persönlichen Resilienzcheck

Die folgende Checkliste schließt die einzelnen Felder detailliert auf. Die einzelnen Fragen geben Ihnen, liebe Leserin, lieber Leser, die Möglichkeit, Ihre bisherige Lebenshaltung sowohl im persönlichen als auch beruflichen Kontext zu überprüfen. Der Fokus richtet sich immer wieder auf die Kernthemen resilienter Fähigkeiten: Selbstkenntnis, Selbststeuerung, Selbstwirksamkeit, Kooperationsfähigkeit, Kommunikation, Verantwortungsbereitschaft, Gestaltungskraft.

Mithilfe des Fragebogens können Sie überprüfen, welche dieser Fähigkeiten Sie bereits entfalten konnten – und wo Ihr Potenzial derzeit noch ruht. Einige der angesprochenen Eigenschaften werden Sie vielleicht bereits aktiv in Ihrem Leben umsetzen. Andere sind Ihnen weniger vertraut. Die Fragen regen dazu an, bestehende Kompetenzen zu vertiefen und schlummernde Potenziale konsequent aufzuwecken.

Gehen Sie in Ruhe die Checkliste durch und machen Sie sich klar, was Sie in Ihrem Alltag schon leben. Manche Anregungen mögen auf den ersten Blick banal wirken. Aber wenn Sie sich darauf einlassen, Sie für Ihre persönliche Situation ehrlich einzuschätzen, erhalten Sie einen guten Überblick über Ihre starken Seiten und die Potenziale im Bereich Resilienz, die Sie ausbauen können, um sich und Ihren Alltag langfristig zu entlasten.

☑ **Wie viel Widerstandskraft, Belastungsfähigkeit und Flexibilität habe ich?**

Bitte lesen Sie die folgenden Aussagen und beantworten Sie für sich selbst, ob die Aussage auf Sie eher zutrifft oder eher nicht. Notieren Sie sich Ihre Antworten auf einem separaten Blatt Papier oder in einem Notizbuch. Am Ende des Tests haben Sie so eine Übersicht über die Dimensionen von Resilienz, die Sie bereits in Ihrem Alltag einsetzen können – und wo Sie Schwachpunkte haben, die Sie für Stress anfällig machen.

Selbstbewusstsein	eher ja	eher nein
Ich reflektiere und hinterfrage regelmäßig meine Verhaltensweisen.	☐	☐
Dabei achte ich auch auf meine eigenen Bedürfnisse und Anliegen.	☐	☐
Ich vertraue mir selbst.	☐	☐
Aus Fehlern kann ich immer lernen. Krisenzeiten haben mich bisher erfahrener und stärker gemacht.	☐	☐
Herausforderungen und Veränderungen betrachte ich als Chance zur Weiterentwicklung. Grundsätzlich sehe ich Veränderungen erst einmal positiv.	☐	☐

Selbstbewusstsein	eher ja	eher nein
Freundschaft zum Körper		
Ich kenne meinen Körper und mag ihn. Ich fühle mich wohl in meiner Haut.	☐	☐
Ich achte auf Essen, Trinken, Bewegung, Regeneration und Schlaf.	☐	☐
Ich habe im Alltag Rituale entwickelt, die mir helfen, Stress auszubalancieren und mich gesund und vital zu erhalten.	☐	☐
Ich höre auf die Botschaften meines Körpers und folge ihnen.	☐	☐
Ersten Symptomen von Unwohlsein schenke ich Aufmerksamkeit und gehe frühzeitig auf sie ein.	☐	☐
Emotionale Balance		
Ich nehme meine Gefühle wahr.	☐	☐
Ich kann Emotionen angemessen ausdrücken.	☐	☐
In Krisenzeiten bewahre ich Ruhe und lasse mich von meinen Emotionen nicht wegschwemmen.	☐	☐
Ich kann mich gut abgrenzen und meine Bedürfnisse klar und deutlich äußern.	☐	☐
Ich lasse mich von täglichen Problemen nicht auffressen.	☐	☐
Ängste, Zweifel oder andere Irritationen reißen mich nicht mit. Ich gehe aktiv mit ihnen um und prüfe die Botschaft, die in ihnen steckt.	☐	☐
Ich kann belastende Stimmungen gut ausbalancieren.	☐	☐

Selbstbewusstsein	eher ja	eher nein
Mentale Stärke		
In komplexen, turbulenten Situationen bewahre ich den Überblick.	☐	☐
Ich nehme mir Zeit, um Klarheit zu schaffen und Dinge in einem größeren Kontext zu erkennen.	☐	☐
Ich achte auf eine realistische Reflexion der Umstände.	☐	☐
Ich denke systemisch und unterscheide zwischen Symptom und Wurzel.	☐	☐
Ich zerlege vielschichtige Inhalte in übersichtliche Themengruppen und erzeuge Transparenz.	☐	☐
Ich lasse mich mental in keine Ecke drängen.	☐	☐
Ich konzentriere mich zielgerichtet auf Handlungsspielräume und schöpfe jede Möglichkeit aus, um auf Geschehnisse positiven Einfluss zu nehmen.	☐	☐
Sinn- und Werteverständnis		
Ich kenne meine Werte und reflektiere regelmäßig über sie.	☐	☐
Ich lebe meine Werte im Alltag, wo immer ich kann.	☐	☐
Ich ziehe meine Kraft aus der Identifikation mit meinem Fühlen, Denken, Reden und Handeln.	☐	☐

Selbstbewusstsein	eher ja	eher nein
Erlebe ich in mir einen Gewissenskonflikt, verdränge ich ihn nicht, sondern suche aktiv nach einer Lösung – auch wenn es Zeit und Geduld bedarf.	☐	☐
Ich überfordere mich selbst und andere nicht mit hehren, unrealistischen Ansprüchen.	☐	☐
Ich besinne mich häufig auf die Machbarkeit meiner Werte und erfreue mich auch an kleinen Dingen.	☐	☐

Auswertung

Alle Aussagen, die Sie für sich selbst mit »eher ja« beantworten konnten, sind Ihre derzeit wertvollsten Ressourcen, die Basis Ihrer Widerstandskraft. Diese Fähigkeiten haben Ihnen in der Vergangenheit vermutlich sehr dabei geholfen, mit Belastungen gut umzugehen. In Zukunft können Sie sie noch gezielter einsetzen und ausbauen.

Die Aspekte, bei denen Sie »eher nein« geantwortet haben, sind dagegen Potenziale für Widerstandskraft, die Sie derzeit noch nicht wirklich nutzen. Hier können Sie ansetzen und Ihre resilienten Fähigkeiten in kleinen Schritten ausbauen.

Und zwar so: Es ist positiv, wenn Sie in jedem der einzelnen Felder schon mit einer Befähigung vertraut sind. Daran können Sie anknüpfen. Interessant ist auch, ob Sie in einer der Dimensionen besonders gut aufgestellt sind, dafür in einer anderen weniger. Nach der Standortbestimmung richten Sie den Blick nach vorn: An welchen Punkten möchten Sie arbeiten? Suchen Sie sich zwei bis drei Themen heraus, bei denen Sie das größte Drehmoment für Ihre aktuelle Belastung vermuten! Hier sollten Sie anfangen, Ihre

Fähigkeiten auszubauen. Wichtig dabei: ein klares, greifbares Ziel. Wenn Sie beispielsweise festgestellt haben, dass Sie im Bereich Sinn- und Werteverständnis dazu tendieren, sich und andere zu überfordern, könnten Sie sich selbst vor jedem neuen Projekt einen »Machbarkeitscheck« verordnen. Das kann eine kleine Liste der Eckdaten sein, an denen Sie sehen, wo Engpässe entstehen könnten.

Auf diesem Blatt könnten Sie auch das realistische Ziel für das Projekt formulieren – und so Ihrer persönlichen Tendenz, die Ansprüche zu hoch zu stecken, proaktiv begegnen. Sie sehen: Es ist Ehrlichkeit gefragt, wenn man seine resilienten Fähigkeiten einer Überprüfung unterzieht. Und es ist ein wenig Fantasie gefragt, wenn man seine resilienten Fähigkeiten ausbauen möchte. Aber beides kann sehr beflügelnd sein und stärkt zugleich Ihre Selbstkenntnis und Ihre mentale Stärke – beides wichtige Säulen Ihrer Resilienz.

Die praktische Umsetzung ist das Wichtigste

Der Test gibt Ihnen einen ersten Eindruck, welche Inhalte in einem Resilienztraining eine Rolle spielen. Die Themen bauen dabei im Rahmen eines Handlungsablaufs aufeinander auf, zum Beispiel in den folgenden zehn Schritten.

!

Die zehn Schritte eines Resilienztrainings

- Schritt 1: Innehalten – die Kunst der kleinen Pause
- Schritt 2: Standortbestimmung und Rollenklärung
- Schritt 3: Das Energiefass füllen
- Schritt 4: Den Lebensrucksack entlasten
- Schritt 5: Die inneren Antreiber ausbalancieren
- Schritt 6: Grenzen setzen – Grenzen wahren – Grenzen öffnen

- Schritt 7: Konflikte aktiv angehen
- Schritt 8: Konsequente Ausrichtung auf Handlungsspielräume
- Schritt 9: Halt im Netzwerk
- Schritt 10: Verankerung in der eigenen Kraft und Ruhe

Ein Mensch, der diese zehn Themen für sich reflektiert, bearbeitet und sie beständig in seine Tagesgestaltung integriert, gewinnt eine feste Basis, um sein Leben in erfüllende Bahnen zu lenken. Wem die persönliche Weiterentwicklung wirklich am Herzen liegt, der wird sich die Mühe machen, ein wenig tiefer zu schauen und seine eigenen Denk-, Gefühls- und Verhaltensweisen sorgfältig auf den Prüfstand legen. Unser Auto fahren wir regelmäßig in die Werkstatt und zum TÜV. Warum nicht auch unsere eigenen Organismus? Auch er bedarf der sorgfältigen Hege und Pflege, um uns viele lange Jahre für ein glückliches und aktives Leben zu Diensten zu stehen. Das Erlernen weicher Faktoren funktioniert nicht anders, als wenn wir ein Handwerk, ein Musikinstrument oder eine neue Sportart erlernen. Es genügt einfach nicht, sich ein wenig oder ab und an mit der neuen Materie zu beschäftigen. Letztendlich geht es immer um Einlassen, Vertiefen, Dranbleiben und regelmäßiges Üben.

Das innere Gleichgewicht herstellen

Eine der wesentlichen Kompetenzen, die die Resilienz auszeichnen, besteht darin, das innere Gleichgewicht zu finden. Ausgangspunkt dafür ist zunächst einmal ein Innehalten, ein Sich-Zentrieren, die Herstellung eines inneren Nullpunkts, ein Leerwerden oder Stillwerden. Dies kann ein tägliches kleines Ritual der Unterbrechungen sein, es kann aber auch bewusst geübt werden, zum Beispiel durch eine kleine Besinnung am Wochenende oder im

Urlaub. Im Gleichgewicht zu sein hat mehrere Dimensionen. Wir können diese Dimensionen wie in einer Meditation oder in einer Selbstüberprüfung durchgehen und uns so immer wieder ins Gleichgewicht bringen:

- **Körperlich im Gleichgewicht** zu sein bedeutet, in seiner Mitte zu sein, für seine Sinne offen zu sein, sich in einem freien Fluss bewegen zu können wie in einem Flow, körperlich ausgeglichen zu sein. Es bedeutet, das Leben mit seinen offenen Sinnen zu spüren und sich darin zu bewegen. Was kann mir dabei helfen? Eine Berührung, eine Massage, eine Bewegung, ein Körperkontakt, Wärme, ein gutes Essen, Sport und so weiter.
- **Im seelischen Gleichgewicht** zu sein bedeutet, mit sich selbst im Frieden, in einem emotionalen Gleichgewicht zu sein, einen gewissen inneren Gleichmut zu empfinden und zugleich offen zu sein für Gefühle und Strebungen. Im seelischen Gleichgewicht zu sein heißt, Lebensfreude als eine Art Grundstimmung zu fühlen. Dazu können beitragen: gute Gespräche, eine innere Beobachtung der Gefühle und Stimmungen, ein kreativer Ausdruck meiner Gefühle und Entspannung.
- **In einem geistigen Gleichgewicht** zu sein bedeutet, geistig bewusst, wach und klar zu sein, offen und kreativ, ohne irgendwelche Vorlieben und ohne gefangen zu sein in all den Identifikationen. Und es ist eine geistige Gelöstheit und Freiheit. Dazu beitragen können Momente des Innehaltens und der Bewusstwerdung der eigenen geistigen Prozesse, die Beobachtung unseres Denkens und des Flusses, auch der eigenen kreativen Impulse, Meditation und Besinnung.
- **Im Gleichgewicht in den Beziehungen** zu sein bedeutet, den Frieden innerhalb der Beziehungen zu spüren – das, was die Gemeinsamkeit ausmacht und trägt. Letztendlich heißt es, in den Beziehungen miteinander glücklich zu sein und Liebe zu empfinden. Dazu beitragen können entspannte Zeiten mit Freunden und in der Partnerschaft, Gespräche, in denen einer spricht

und der andere zuhört, Vergegenwärtigungen dessen, was da ist und nicht so sehr was fehlt, Zeit für Zärtlichkeit und Spiel.

- **Im Gleichgewicht mit sich selbst** zu sein bedeutet, sich anzunehmen, so wie man ist, mit sich selbst im Frieden zu leben, sich nähren und sich ausleben zu können. Es heißt auch, sich Genuss, Freude und Spaß zu gönnen, großzügig zu sich selbst zu sein, aber auch nachsichtig mit all den kleinen Fehlern, die man selbst besitzt.
- **Im Gleichgewicht mit dem Göttlichen und Größeren** zu sein heißt, letztendlich in Gnade zu leben, sich aufgehoben zu fühlen im Göttlichen und Unbekannten, sich vielleicht sogar als Ausdruck des Größeren zu empfinden. Dazu beitragen kann eine religiöse oder spirituelle Betätigung, die Meditation, die Sinnreflexion für sich oder mit anderen Menschen.
- **Im Gleichgewicht mit dem Ungleichgewicht** zu sein bedeutet, auch das Ungleichgewicht anzuerkennen und es zuzulassen und es immer wieder auszugleichen. Das bedeutet, die Ungleichgewichte im Innehalten zu spüren und sich immer wieder neu zu orientieren, sich Zeit und Raum zu nehmen für sich selbst, hineinzugehen in die Aktivitäten und Themen des Lebens und sich auch immer wieder herauslösen zu lassen und zu erholen. Im Gleichgewicht mit dem Gleichgewicht zu sein bedeutet, die Dynamik des Lebens zu akzeptieren und mit ihr intuitiv umzugehen.

Die Wirkung eines solchen Trainings lässt sich beschreiben

Die folgende Evaluation zeigt auf, wie sich ein modular aufgebautes Resilienztraining entwickeln kann.

Im ersten Modul geht es um die persönliche Standortbestimmung der einzelnen Teilnehmer, die zu Anfang eines Trainings ausgefüllt wird – natürlich anonym.

Was waren Ihre Gründe, sich für das Resilienztraining anzumelden?

Welche inhaltlichen Erwartungen haben Sie an das Resilienztraining?

Wie erging es Ihnen im letzten Vierteljahr?

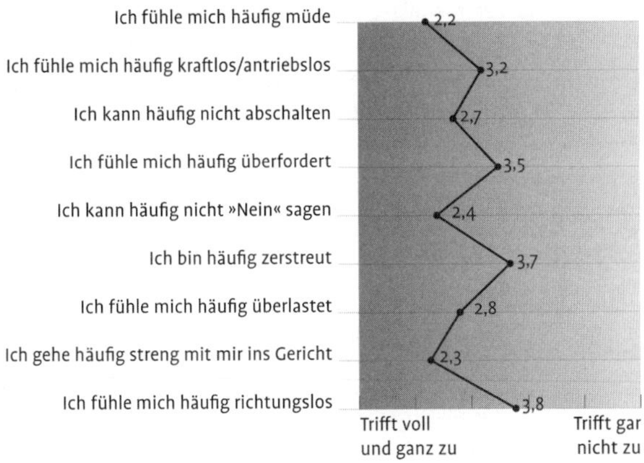

Am Ende des ersten Moduls werden weitere Fragen gestellt.

Was nehmen Sie aus den letzten drei Tagen mit?

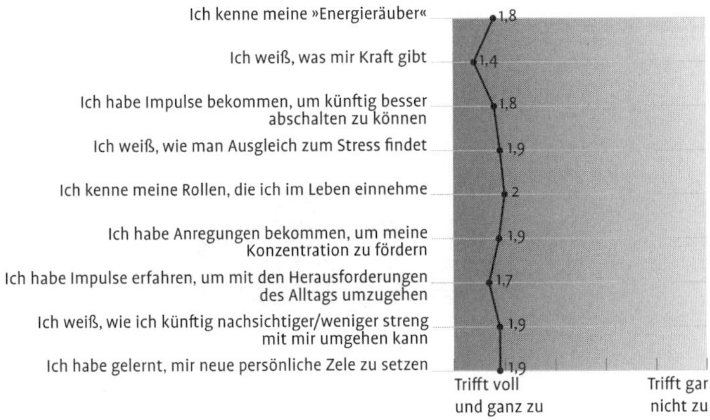

Im Moment fühle ich mich ...

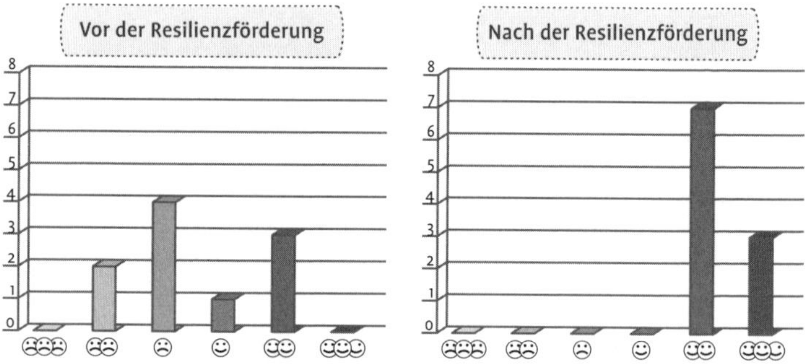

1) Die Erhebung basiert auf den Rückmeldungen von zehn Teilnehmerinnen und Teilnehmern der Resilienzförderung. Darunter eine Person aus dem Bereich Betriebliche Gesundheitsförderung, die aus beruflichem Interesse ohne konkreten Problemhintergrund an der Maßnahme teilgenommen hat.

Zu Beginn und Ende des zweiten Moduls werden ähnliche Fragen gewählt.

Welche inhaltlichen Erwartungen haben Sie an das zweite Resilienzmodul?

Wie erging es Ihnen im letzten Vierteljahr?

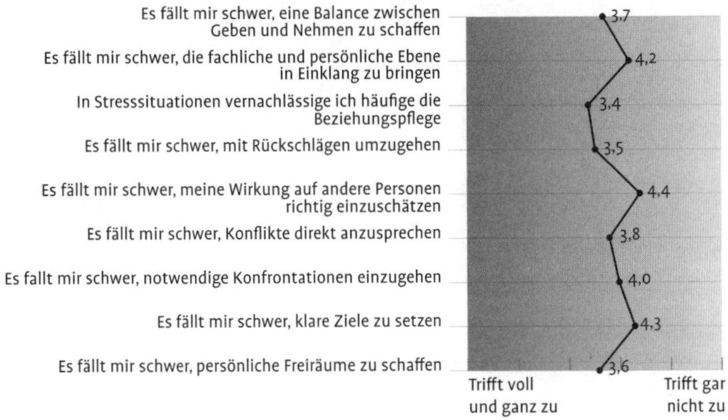

Daraus ergibt sich eine abschließende Zusammenfassung.

Was nehmen Sie aus den letzten drei Tagen mit?

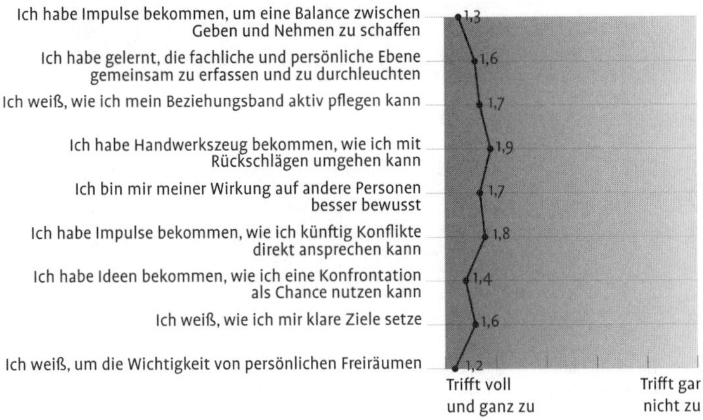

Im Moment fühle ich mich ...[1]

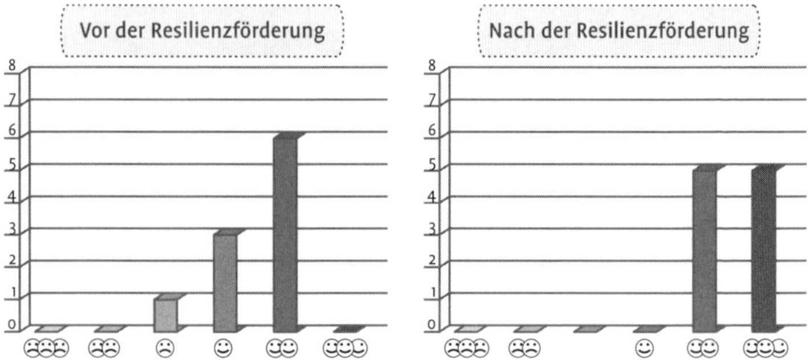

1) Die Erhebung basiert auf den Rückmeldungen von zehn Teilnehmerinnen und Teilnehmern der Resilienzförderung. Darunter eine Person aus dem Bereich Betriebliche Gesundheitsförderung die aus beruflichen Interesse, ohne konkreten Problemhintergrund, an der Maßnahme teilgenommen hat.

Stimmungsverlauf während des gesamten Piloten

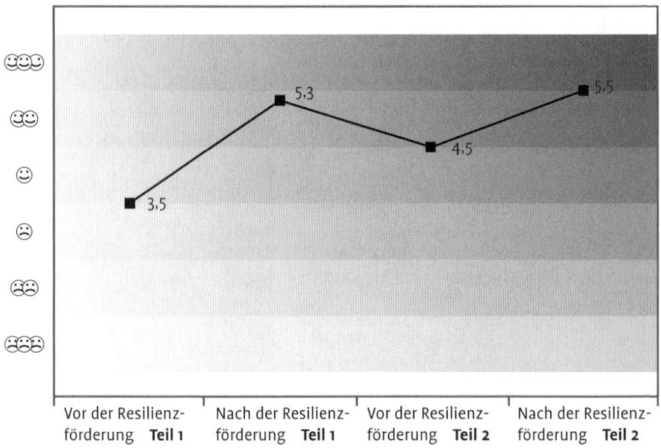

Erfülltes Arbeiten

Was bedeutet es, inspiriert zu arbeiten, begeistert zu arbeiten, erfüllt zu arbeiten? – Erfüllen wir unsere Lebensaufgaben, dann empfinden wir unser Leben als sinnvoll und innerlich reich. Burnout-Prozesse treten nicht primär auf, wenn wir viel arbeiten, sondern wenn wir entfremdet arbeiten und etwas tun, was nicht im Einklang steht mit unseren inneren Werten und unseren innersten Anliegen, unseren Herzensangelegenheiten. Wenn wir zum Beispiel zu oberflächlichen Zielen hinterherlaufen, wenn wir zu sehr der äußeren Erwartungshaltung folgen, Karriere machen zu müssen, wenn wir unsere Leistungsgrenzen nicht achten und nicht auf die Stimme unserer selbst hören, dann brennen wir aus, erschöpfen uns, verbittern und werden zynisch. Und dann sind wir die Opfer eines Systems, von dem wir uns krank gemacht fühlen, und das uns dann zum Ausgleich eine vorzeitige Rente bezahlen soll. Dann sind wir verleitet zu denken, dass das System uns ausgebeutet hat, statt zu erkennen, dass wir selbst gescheitert sind an der Herausforderung, die das Leben an uns stellt und die unsere Seele in sich trägt. Was will ich wirklich wirklich?, fragt Frithjof Bergmann (2004). Was ist es, das durch mich in die Welt kommen will, das durch mich verwirklicht werden will, wofür ich mein Leben, mein Arbeitsleben gebe?

Welche wesentlichen Anliegen des Menschseins spüre ich in meinem Herzen? Möchte ich einen Beruf ergreifen, mit dem ich zur Heilung von Menschen oder Tieren beitragen kann, oder ein Grundbedürfnis für Essen oder Trinken für die Menschen erfüllen, die Natur schützen, die Welt schöner machen, Spiritualität in die Welt bringen, das Zusammenleben und Kommunizieren der Menschen verbessern kann? Was passt zu mir? Wozu stehe ich? Es geht um das, was ich wirklich will, was ich verwirklichen will, wofür ich gehe und mein Leben gebe. Dieses Innere trifft dann auf eine äußere Welt, eine gesellschaftliche Realität, in der ich mir vorstelle, meine Berufung und meine Herzensanliegen zu verwirklichen. Aus dieser Berührung zwischen innerstem Anliegen und äußerer Wirklichkeit entstehen dann die Visionen für meine Arbeit und für meine Tätigkeit. Im Prinzip ist es der gleiche Vorgang, der auch am Anfang einer Unternehmensgründung steht. Der Unternehmer möchte etwas Neues in die Welt bringen, etwas anderes machen oder es zumindest auf die eigene Weise tun. Dafür nimmt er Risiken auf sich und schafft Strukturen, durch die er dann seine Visionen und Ziele verwirklichen kann. Der Mitarbeiter in diesem Bewusstsein sucht sich Strukturen, innerhalb derer er seine innersten Anliegen verwirklichen und innerhalb derer er mit seinem Herzen arbeiten und leben kann.

Sinn und Erfüllung finden wir Menschen, wie Viktor Frankl uns gezeigt hat, besonders in der Überschreitung unseres Ichs, in einem Bezug auf andere Menschen, auf eine große Idee oder auf etwas Transzendentes oder Spirituelles. Dann stelle ich meine Kraft, meine Intelligenz und meine Kreativität in den Dienst eines gemeinsamen Wirkens in einem Unternehmen oder einer Organisation, die etwas Größeres schafft, als ich es allein verwirklichen kann. Dann ist der Arbeitsplatz vor allem ein Lebensplatz und erst in zweiter Linie ein Ort des Geldverdienens. Und dann übernehme ich Mitverantwortung für die Lebendigkeit meines Arbeitsplatzes. Denn wenn ich begeistert und beseelt meine Arbeit erfülle, dann strahle ich auch an den dunkelsten Orten und wecke vielleicht den einen oder anderen Menschen auf, ebenfalls seine Lebendigkeit zu spüren und seine Arbeit mit Geist und Seele zu tun.

Dies kann natürlich enorm erleichtert oder erschwert werden durch die jeweilige Unternehmensführung und die jeweilige Unternehmenskultur.

Glück und Wohlbefinden

Es zeigt sich, dass Resilienz nicht nur Burnout-Prozesse verhindert, sondern die Basis einer gesunden Lebensführung bildet. Darüber hinaus enthält sie als Potenzial die Entfaltung einer bewusst gewordenen Intuition als Steuerungskompetenz, die sich in allen Lebensbereichen nutzen lässt. Letztendlich enthält die individuelle Resilienz das Potenzial zu Glück und Wohlbefinden. Martin Seligman, der Begründer der Positiven Psychologie, hat sich in seinem gesamten Berufsleben damit beschäftigt, was dazu beiträgt, Glück zu entwickeln. In den letzten Jahren hat er eine Theorie des Wohlbefindens entwickelt, die er »Flourish« nennt. Flourish ist das Aufblühen des Einzelnen, das wesentlich über die Zufriedenheit im Leben hinausgeht. Wohlbefinden besteht aus seiner Sicht aus fünf Elementen:

- **Positive Gefühle:** Damit meint er beispielsweise Lust, Entzücken, Ekstase, Wärme, Behaglichkeit und Ähnliches. Ein Leben, das erfolgreich um diese Elemente kreist, nennt er ein »angenehmes Leben«.
- **Engagement:** Damit meint er das Erlangen eines Flow-Zustands, von einer Aufgabe vollkommen absorbiert zu sein, ein Stehenbleiben der Zeit, ein Einssein mit der Musik, eine Verschmelzung mit dem Objekt. Ein Leben, das auf diese Dinge zielt, nennt er ein »engagiertes Leben«.
- **Sinn:** Dies bedeutet, zu etwas zu gehören, das größer ist als ich, und einer solchen Sache zu dienen, wie beispielsweise in religiöser, politischer, ökologischer Betätigung oder für die Familie da zu sein. Ein Leben, das sich darum bemüht, nennt er ein »sinnvolles Leben«.
- **Zielerreichung oder Erfolgsorientierung:** Ziele zu erreichen bedeutet, sich selbst als wirksam zu empfinden, leistungsorientiert und erfolgsorientiert zu sein. Ein Leben, das dem Er-

folg um des Erfolgs willen gewidmet ist, nennt er ein »erfolgreiches Leben«.

- **Positive Beziehungen:** Andere Menschen seien das beste Gegenmittel gegen die Betrübnisse des Lebens. Positive Beziehungen, wie Partnerschaften und Freundschaften, werden um ihrer selbst willen gesucht; als Menschen sind wir grundsätzlich sozial strukturiert.

Seligman ist davon überzeugt, dass wir unseren Kurs im Leben so wählen, dass wir in allen fünf Elementen möglichst viel verwirklichen. Es gehe nicht nur um das Erlangen von Glück und Lebenszufriedenheit, sondern um weit mehr (Seligman 2012, S. 29–40). Und hier können wir den Bezug zur Resilienz erkennen. Resilienz mit all ihren Kompetenzen (wie Selbstführung, soziale Kompetenz, Sinn und spirituelle Orientierung, Intuition und Flow) stellt eine Voraussetzung dafür dar, ein glückliches und aufblühendes Leben führen zu können.

Unternehmen: Erfolg hängt von sachlichen und menschlichen Faktoren ab

—— *Teil 02*

Eine erste spannende Studie zum Thema Führung, Gesundheit und Resilienz

Aufklärung hilft, Dimensionen, Chancen und Potenziale zu begreifen, die in einer fundierten Auseinandersetzung mit dem Thema Resilienz liegen. So freut es uns sehr, dass im August 2013 eine Studie von der Bertelsmann Stiftung veröffentlicht wurde, die zum ersten Mal das Thema Führung, Gesundheit und Resilienz aufgreift. Ausgangspunkt und Ziele der Studie sind folgende:

> *»Die von allen Krankenkassen berichtete stetig wachsende Zahl von Burnout-Fällen und von Fehltagen und Berufsunfähigkeiten aufgrund psychologischer Erkrankungen stellt eine zunehmende Herausforderung für die Gesellschaft und Unternehmen dar. Basierend darauf stellt sich vermehrt die Frage, was Unternehmen für Mitarbeiter und Führungskräfte tun können, um den damit einhergehenden menschlichen und ökonomischen Schäden entgegenzuwirken.*
>
> *Ansatzpunkte, die verstärkt in diesem Zusammenhang diskutiert werden, sind der Einfluss von Führung auf die psychologische Gesundheit von Menschen, ebenso wie der Einsatz von Resilienztrainings im Rahmen des betrieblichen Gesundheitsmanagements (BGM). Resilienztrainings werden in diesem Zusammenhang als Maßnahmen verstanden, die im Rahmen eines ganzheitlich ausgerichteten BGMs die psychologische Widerstandsfähigkeit stärken. Sie ergänzen somit eher körperbezogene Maßnahmen, wie sie beispielsweise Sportangebote, Rückenschulungen, Entspannungskurse oder Raucherentwöhnungen darstellen.«*

Auf Basis der vorliegenden Daten trifft die Studie die folgenden vier Kernaussagen.

Resilienz und Gesundheit Menschen mit einer hohen Resilienz berichten über weniger Burnout-Symptome und psychosomatische Beschwerden. Da man die Resilienz eines Menschen trainieren und weiterentwickeln kann, könnte eine Integration von Resilienztrainings in das betriebliche Gesundheitsmanagement eines Unternehmens einen positiven Einfluss auf die hohen Fehltage und Fälle von Berufsunfähigkeit aufgrund psychologischer Erkrankungen haben.

Führung und Gesundheit Es konnte in dieser Studie erneut ein starker Hinweis darauf gefunden werden, dass Führungskräfte mit ihrem Führungsverhalten einen bedeutenden Einfluss auf die Gesundheit und die Arbeitszufriedenheit der Mitarbeiter haben. Es konnte außerdem zum ersten Mal gezeigt werden, dass dies in hohem Maße für ein Führungsverhalten zutrifft, welches auf die psychologischen Grundbedürfnisse eines Menschen nach Orientierung und Kontrolle, nach Sinn und Stimmigkeit (Kohärenz), nach Lustgewinn und Unlustvermeidung, nach Selbstwerterhöhung und Selbstwertschutz und nach Bindung abzielt. Der größte Zusammenhang bestand hier zu dem Faktor Kohärenz, also dem Bedürfnis nach »Sinn und Stimmigkeit« eines Menschen. Dies gibt wiederum einen starken Hinweis darauf, dass Führungskräfte vor allem durch ein authentisches, vorbildliches und sinnvermittelndes Führungsverhalten einen positiven Einfluss auf die Zufriedenheit und die Gesundheit ihrer Mitarbeiter nehmen können.

Führung und Resilienz Das Führungsverhalten einer Führungskraft und der Resilienzquotient eines Mitarbeiters stehen in einem geringem bis mittleren Zusammenhang zueinander. Das Führungsverhalten des Vorgesetzten und die Resilienz seines Mitarbeiters, stehen also durchaus in Zusammenhang miteinander. Am höchsten war der Zusammenhang bei einem Führungsverhalten, welches auf das Bedürfnis nach »Orientierung und Kontrolle« der Mitarbeiter abzielt. Entsprechend können Führungskräfte wahrscheinlich am ehesten die Resilienz ihrer Mitarbeiter fördern, wenn sie diesen einerseits Orientierung, andererseits aber auch ein gewisses Maß an Kontrolle über ihren Arbeitsbereich und ihre Aufgaben geben und somit wahrscheinlich deren Selbstwirksamkeitsüberzeugung fördern.

Die Führungskraft der Zukunft Definiert man die Übernahme einer Führungsfunktion als ein Zeichen für beruflichen Erfolg, so kann der Resilienzquotient (RQ) eines Menschen als ein wichtiger Prädiktor für beruflichen Erfolg angesehen werden. Dies zeigt sich daran, dass Führungskräfte über einen höheren RQ als Mitarbeiter verfügen. Dies trifft vor allem auf die Resilienzfaktoren Emotionssteuerung, Impulskontrolle, Selbstwirksamkeitsüberzeugung, Zielorientierung und Empathie zu. Umgangssprachlich bedeutet dies, dass Führungskräfte ihre Gefühle wahrnehmen und steuern können, über viel Disziplin verfügen, in Drucksituationen ruhig bleiben, davon überzeugt sind, dass sie Dinge beeinflussen können und fähig sind, sich gut in andere Menschen hineinzuversetzen. Sie geben sich außerdem nicht mit dem Status quo zufrieden, sondern setzen sich nach einem einmal erreichten Ziel neue Herausforderungen und verfolgen diese konsequent und relativ unabhängig von der Meinung anderer Menschen.

Da die Qualität des Führunsverhaltens einen entscheidenden Einfluss auf den Erfolg eines Unternehmens hat, könnte dem RQ eines Mitarbeiters in Zukunft eine verstärkte Aufmerksamkeit einerseits bei der Auswahl und andererseits bei der Entwicklung von Führungskräften geschenkt werden. Dies trifft umso mehr zu, da der Faktor Resilienz als Fähigkeit, mit Rückschlägen, Veränderungen, Ungewissheit und Druck umzugehen, aufgrund der steigenden Dynamik und Komplexität der Wirtschaftswelt in Zukunft wahrscheinlich immer mehr an Bedeutung gewinnen wird. Die prägnant zusammengefassten Erkenntnisse der Studie können wir aus unseren vielfältigen Praxiserfahrungen bestätigen. Da Führungskräfte, gerade im mittleren Management, oft als

Stoßdämpfer zwischen unterschiedlichsten Anspruchsgruppen agieren, ist es für ein Unternehmen von hohem Nutzen, wenn dieser Personenkreis über eine differenzierte Selbststeuerungskompetenz und Widerstandsfähigkeit verfügt. Die Studie zeigt auch, dass Mitarbeiter zum einen von resilienten Vorgesetzten profitieren können, aber sich auch selbstständig der individuellen Persönlichkeitsentwicklung widmen sollten. Wir hoffen, dass immer mehr Menschen die Möglichkeit bekommen, sich intensiv mit den Potenzialen zu beschäftigen, die in ihrem Bewusstsein verborgen liegen und erweckt werden wollen.

Warum es überlebenswichtig ist, eine Kultur der Achtsamkeit zu entwickeln

> *»Neue Probleme lassen sich nicht einfach mit dem Rückgriff auf bewährte Denkschulen lösen. Auch die Finanzkrise ist keine zyklische Schwankung im System, sondern ein Indikator für eine Funktionsgrenze des Systems selbst. Um auch nur zu einer hinreichenden Problembeschreibung zu kommen, ist eine Kultur der Achtsamkeit vonnöten, die nicht alles Neue in die Schubladen gesicherten Wissens zwängt. Achtsamkeit bewirkt die dauernde Prüfung und Korrektur bestehender Erwartungen, eine erhöhte Aufmerksamkeit für mögliche Fehler und Abweichungen – kurz: ein permanentes Lernen in einer Umgebung, die in ständiger Veränderung begriffen ist.« Claus Leggewie (2010, S. 26)*

Ständiges, lebenslanges Lernen und eine offene, konstruktive Haltung gegenüber Veränderungen sind keine Schlagworte mehr, sondern eine reale Herausforderung, die sich an jeden Mitarbeiter eines Unternehmens richtet. Für viele Menschen geht es im Moment um einen prinzipiellen Haltungswechsel. Wenn dieser Entwicklungsprozess nicht aktiv gesteuert und unterstützt wird, birgt die heutige Arbeitswelt mit ihren ständig wachsenden Ansprüchen subtile Gefahren in sich. Besonders Personen, die mit dem Charakterzug des ausgeprägten Perfektionisten ausgestattet sind, werden heutzutage immens gefordert, ihre eigenen Leistungsgrenzen wahrzunehmen und anzuerkennen. Wenn sie es nicht selbst tun, wird es kein anderer für sie leisten – ganz im Gegenteil. Die Gretchenfrage, die oftmals gestellt wird, lautet: »Wie erkennt eine Führungskraft, dass ein Mitarbeiter überlastet ist, und wie kann er ihn vor dem Ausbrennen schützen?« Diese Frage ist ungemein knifflig. Denn zunächst muss der Führende selbst ein Verständnis von der sorgfältigen Pflege seines eigenen Energiehaushalts gewinnen – nur dann kann er bei anderen Symptome einer Überforderung erkennen. Zumeist hat er auch eine höhere Stressresistenz beziehungsweise einen größeren Resilienzquotienten als seine Mitarbeiter – das sollte er sich immer wieder vor Augen führen. Dieser Gesichtspunkt ist aber nur ein Teil der Geschichte.

Zumeist rutschen Mitarbeiter in einen Burnout, die sehr engagiert und eigenverantwortlich für die Bedürfnisse ihres Vorgesetzten, des Teams und der Firma agieren. Menschen, die sich einsetzen, die sich nicht drücken, sondern zupacken, Projekte übernehmen, Konflikte angehen, Netzwerke pflegen und die einspringen, wenn es brennt. Es sind genau die Mitarbeiter, die die Löcher stopfen, die sich in einer Organisation immer wieder ergeben. Diese Personen sind für eine Führungskraft schlichtweg angenehme Teammitglieder, da sie ganz von allein ihre Aufgabenpakete abarbeiten. Und genau diese Personen müssen vor sich selbst geschützt werden. Das bedeutet: Ein Vorgesetzter darf ihr starkes Verantwortungsgefühl nicht ausnutzen, sondern sollte sie bremsen. Zudem gebührt diesen Personen Anerkennung und Wertschätzung für all ihren Einsatz – allein dieser positive Zuspruch würde ihr Stressempfinden sofort absenken.

Was es heute dringend braucht, ist von Beginn einer Zusammenarbeit an eine achtsame, begleitende Führung, in der sich die Beteiligten offen und frei über Ziele und Ressourcen austauschen können. Diese Art der Führung findet aber noch immer viel zu selten statt. Ein Mitarbeiter kann meistens leider nicht darauf vertrauen, dass sein Chef ihm angemessene Ziele anvertraut. Der Vorgesetzte steckt selbst oft bis zum Kragen in der Überlastung und hat wenig Überblick und Kraft, um frei und fair agieren zu können. So ist jeder selbst aufgefordert, die eigene Führung zu übernehmen und manches Mal den Vorgesetzten durch konstruktive Vorschläge mit auf »den rechten Weg« zu geleiten.

Aktiv die Hand zu heben und auf mangelnde Ressourcen beziehungsweise überhöhte Ziele hinzuweisen, fällt vielen Führenden gegenüber ihren eigenen Vorgesetzten immens schwer. Zum einen regiert oft die Angst, bei geäußerten Zweifeln als Bremser oder ewiger Bedenkenträger abgestempelt zu werden. Zum anderen sind unterschiedlichste Themen innerhalb der Unternehmensführung knifflig verzahnt und es werden der unbedingte Wille und eine hohe Konsequenz benötigt, um Handlungsspielräume zu erkennen und aktiv zu nutzen.

Genau an dieser Stelle zählt eine hohe Reflexionsfähigkeit, Überblick und Achtsamkeit, um die hochdifferenzierte Verflechtung von sachlichen und menschlichen Faktoren zu erkennen, diskutierbar zu machen und lösungsorientiert weiterzuentwickeln. Um diese spannenden Prozesse gut begleiten zu können, haben wir strukturierte Schulungen und Beratungsformen jeweils für Mitarbeiter, Führende und auch Geschäftsführer entwickelt.

Führende brauchen eine gezielte Schulung

Die meisten Führenden sind immens dankbar, wenn sie eine gezielte Schulung erfahren, um mit dem heutigen Anforderungsprofil zurechtzukommen. Für solche Trainings haben wir ebenfalls einen übersichtlichen Kompass entwickelt, in dem sich verschiedene Dimensionen einer Führungsverantwortung abbilden.

Im Mittelpunkt steht die emotionale Intelligenz des Führenden: eine realistische Selbstpositionierung auf individueller Ebene, Beziehungsfähigkeit und Netzwerkkompetenz sowie ein Zugehörigkeitsgefühl zu einem größeren Ganzen, der Unternehmenskultur mit all ihren Werten. Die hier aufgeführten Dimensionen beschreiben, wie Menschen mit den anderen Personen in ihrer Umgebung agieren – seien es Kollegen, Kunden oder Vorgesetzte. Wie sehr diese sozialen Begegnungen und Ressourcen den Einzelnen stärken, hängt direkt damit zusammen, wie gut diese vier Dimensionen bei jedem Einzelnen entwickelt sind und ihm zur Verfügung stehen.

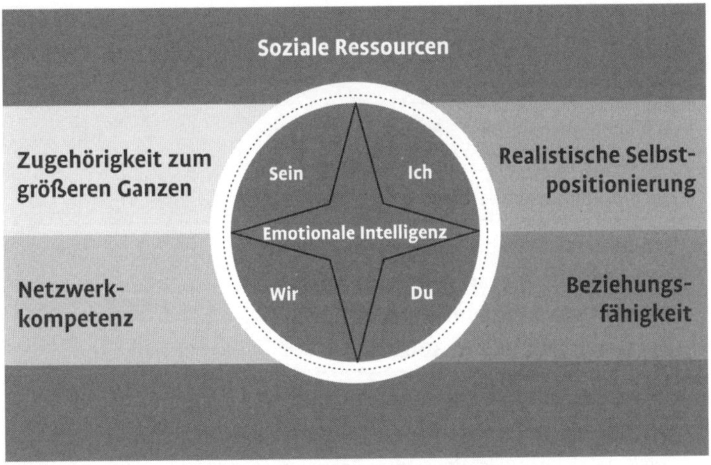

Resilienzfaktoren der sozialen Ressourcen (Quelle: Wellensiek)

Von diesem Kompass leiten wir den folgenden Resilienzcheck ab.

»Resilienzcheck« für Führungskräfte

Wie viel Ihrer Widerstandskraft, Belastungsfähigkeit und Flexibilität können Sie in Ihrer Rolle als Führungskraft umsetzen?

Gerade Führungskräfte agieren oft als Stoßdämpfer zwischen unterschiedlichen Anspruchsgruppen. Tagtäglich bewegen sie sich in einem vielschichtigen Netzwerk. Sie sind besonders herausgefordert, sich selbst und ihre Mitarbeiter ruhig und stabil durch vielschichtige Prozesse zu geleiten. Wie hochspezialisierte Bergführer müssen sie mit den unterschiedlichsten Einflussfaktoren zurechtkommen und mit den ihnen Anvertrauten in einem engen, vertrauensvollen Kontakt agieren. Aus diesem Grund sind die Fähigkeiten, die eine Führungskraft in der Interaktion mit Beschäftigten, Vorgesetzten und Kunden resilient agieren lassen, ein Stück weit andere als die Faktoren, die die persönliche Resilienz eines Menschen ausmachen. Schauen Sie selbst:

	eher ja	eher nein
Emotionale Intelligenz		
Ich kann mich in mein Gegenüber hineinversetzen, auch wenn ich ihn bisher kaum kenne oder er mir unsympathisch ist.	☐	☐
Ich berücksichtige die Anliegen und Ziele, die Aufnahmebereitschaft und Dialogfähigkeit meines Gesprächspartners und steuere den Austausch aktiv und konstruktiv.	☐	☐
Im Kontakt mit anderen befasse ich mich mit den Stärken und Schwächen einer Person und weiß, seine positiven, kraftvollen Seiten zu stärken.	☐	☐
Realistische Selbstpositionierung		
Ich kann mich klar sowie eindeutig positionieren und engagiere mich für die Anliegen von mir und meinen Mitarbeitern. Dabei übernehme ich mich nicht.	☐	☐
Ich überprüfe Ziele auf ihre realistische Umsetzbarkeit und bedenke das Ressourcenmanagement genau.	☐	☐
Ich schaue nach vorne und plane strategisch. Worst-Case-Szenarien baue ich mit ein und kreiere vielfältige Lösungswege.	☐	☐
Ich verstricke mich nicht in Machtspiele und Narzissmen.	☐	☐

	eher ja	eher nein
Beziehungsfähigkeit		
Mir fällt es leicht, Beziehungen zu knüpfen und aus einem ersten, guten Kontakt ein tragendes Beziehungsband erwachsen zu lassen.	☐	☐
Ich sorge in Beziehung für positive, harmonische Momente und scheue zugleich Auseinandersetzungen und Konflikte nicht. Beides gehört zu einer guten Beziehung. So entsteht die Chance, sich offen und ehrlich auszutauschen und dadurch enger zusammenzuwachsen.	☐	☐
Ich hole mir von anderen Feedback ein und gebe es auch aktiv. Dazu gehört Wertschätzung genauso wie konstruktive Kritik.	☐	☐
Netzwerkkompetenz		
Ich kann Netzwerke in meinem Team beziehungsweise in der Organisation knüpfen, gestalten und diese Ressourcen nutzen.	☐	☐
Wenn es eng wird, weiß ich genau, bei wem ich mir für welche Fragestellung Rat holen kann. Ich fokussiere dabei auf ein Gleichgewicht von Geben und Nehmen.	☐	☐
Ich kann Menschen zusammenbringen und inspirieren.	☐	☐
Es liegt mir, das Wissen und die Kraft, die in einem Team beziehungsweise in einem Unternehmen schlummern, zu aktivieren und produktiv anzustoßen.	☐	☐

	eher ja	eher nein
Zugehörigkeit zu einem größeren Ganzen		
Ich fühle mich nicht als Einzelkämpfer, sondern empfinde die größere Struktur meines Unternehmens als stützend.	□	□
Ich weiß um die Werte meiner Organisation und nutze sie, um das tägliche Geschehen erfolgreicher, wertvoller und beseelter zu gestalten.	□	□
Ich kenne meine Kraftquellen, die im Leben beziehungsweise der Schöpfung an sich ruhen. Ich erinnere mich immer wieder an meine Energiespeicher und tanke regelmäßig auf.	□	□

Auswertung

Alle Aussagen, die Sie mit »eher ja« beantworten konnten, sind Ihre derzeitigen Stärken in Ihrer Rolle als Führungskraft. Auf diese Fähigkeiten können Sie sich in schwierigen Situationen verlassen – und Sie könnten sie in Zukunft noch aktiver einsetzen.

Bei den Aspekten von Resilienz, die Sie mit »eher nein« beantwortet haben, lohnt es sich zu schauen, was Sie selbst verbessern können – und wo die Struktur Ihres Unternehmens Sie daran hindert, Ihre Tätigkeit als Führungskraft resilient zu gestalten.

Beispielsweise kann es bei dem Aspekt »Zugehörigkeit zu einem größeren Ganzen« vorkommen, dass eine Führungskraft sich eingestehen muss, dass sie sich »eher nicht« als Teil eines großen Ganzen fühlt, sondern als Einzelkämpfer, der nicht um die Werte der Organisation weiß. Häufig liegt die Ursache dafür auf der Ebene der Geschäftsleitung, die es versäumt hat, klare Werte zu definieren – oder bestehende ständig ignoriert.

Wenn Sie an Ihren »Eher-nicht«-Punkten arbeiten möchten, so suchen Sie sich als Erstes die Punkte heraus, bei denen Sie möglichst autonom etwas verändern können. Beispielsweise das Thema »Meine Kraftquellen« oder auch Ihre Netzwerkkompetenz. In diesen Bereichen werden Sie schnell Erfolge verspüren. Das wird Ihnen vermutlich die Kraft geben, auch auf höherer Ebene Veränderungen anzustoßen. Wer sich dagegen »an den Fehlern der Organisation« abarbeitet, verschleißt sein kreatives Potenzial zum Wachstum.

Auch hier gilt: Setzen Sie sich zu dem Aspekt von Resilienz, den Sie ausbauen möchten, ein realistisches Ziel – und definieren Sie kleine Schritte, wie Sie diesem Ziel näher kommen wollen. Beim Thema Netzwerkkompetenz könnte es sein, dass Sie sich einfach ein Blatt Papier nehmen, einen Kreis in die Mitte malen, Ihren Namen hineinschreiben – und um diesen Kreis herum die Menschen aufschreiben, die für Sie als Netzwerkpartner oder Informanten in Ihrer aktuellen beruflichen Situation interessant sind – oder sein könnten. Dann suchen Sie sich einen heraus, mit dem Sie noch wenig Kontakt haben und verabreden sich mit ihm oder ihr zum Mittagessen.

Für die Betrachtung einer ganzen Organisation verwenden wir den Kompass »Arbeitsbezogene Ressourcen«.

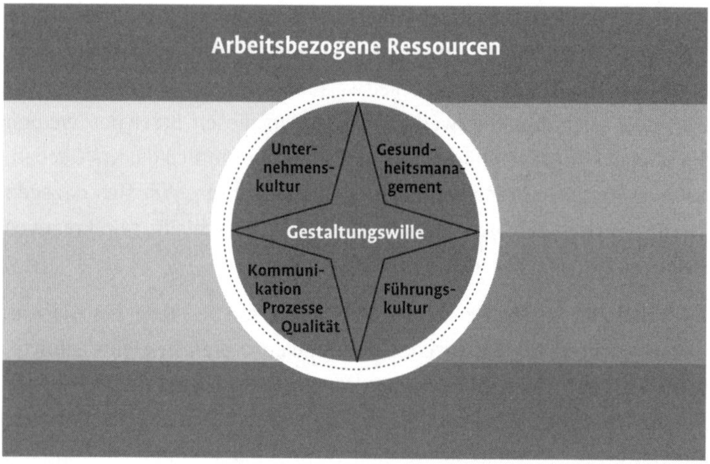

Resilienzfaktoren der arbeitsbezogenen Ressourcen (Quelle: Wellensiek)

Dieser Kompass bezieht sich auf unternehmensinterne Einflussfaktoren, die sich auf die Qualität eines Arbeitsplatzes auswirken. Dabei spielen sowohl die Führungs- und Unternehmenskultur als auch die Kommunikationskultur eines Unternehmens eine zentrale Rolle. Hinzu kommt das Gesundheitsmanagement. Will ein Unternehmen das Thema Resilienz ernsthaft angehen, die Widerstandsfähigkeit und Belastbarkeit seiner Beschäftigten erhöhen und unternehmensintern das Thema in seiner Gesamtheit ausbauen, wird es auf Dauer nur dann erfolgreich sein, wenn die Verantwortlichen dieser vier Dimensionen am gleichen Strang ziehen.

Auch von dieser Darstellung leitet sich ein Resilienzcheck ab.

!

»Resilienzcheck« für Organisationen

Wie viel Widerstandskraft, Belastungsfähigkeit und Flexibilität besitzt Ihr Unternehmen?

Ein resilientes Unternehmen ist eines, das es schafft, in den schwierigen Gewässern der globalen Wirtschaft schnell und wendig zu sein. Geschwindigkeit, Flexibilität und Anpassungsfähigkeit sind gefragt, um den Kunden mit all seinen Problemen und Anforderungen zufriedenstellen zu können. Der Kunde möchte schließlich schnelle und dennoch profunde Lösungen. Um diese hohe Messlatte zu bewältigen, braucht es rasche Informations- und Wissensweitergabe, hohe Termintreue und große Verbindlichkeit in den einzelnen Teams und an den Schnittstellen. Im Folgenden können Sie prüfen, wie resilient Ihr Unternehmen ist – und wo die Schwachstellen liegen.

	eher ja	eher nein
Gestaltungswille		
Unser Unternehmen achtet ganz bewusst auf eine nachhaltige Widerstandskraft. Mögliche Krisenszenarien werden in aller Ruhe proaktiv durchgespielt. Die entwickelten Maßnahmen werden mit allen Mitarbeitern offen ausgetauscht und abgestimmt.	☐	☐
Die Organisation überprüft immer wieder ihre Strategien und bisherigen Handlungsmuster. Dabei nutzt sie das Wissen der ganzen Belegschaft und besitzt den Mut, gerade auch die Querdenker zum Diskutieren einzuladen. Es herrscht eine Kultur des Vertrauens sowie des gegenseitigen Zuhörens und gemeinsamen Anpackens.	☐	☐

	eher ja	eher nein
Das Unternehmen besitzt auf sachlicher und menschlicher Ebene eine reiche Klaviatur an Handlungsmöglichkeiten. Rollen können gewechselt werden; Strukturen und Prozesse sind nicht verkrustet.	☐	☐
Gesundheitsmanagement		
Das Gesundheitsmanagement ist in die Unternehmensstrategie integriert und wird mit allen anderen Handlungssträngen sinnhaft verflochten.	☐	☐
Der Mensch wird als Ganzes gesehen und auf körperlicher sowie auf mentaler, emotionaler und seelischer Ebene in seiner Gesundheit unterstützt. Energieräubern wird auf allen Ebenen aktiv entgegengewirkt.	☐	☐
Das Unternehmen verfolgt Präventivmaßnahmen. Über psychische Erschöpfung oder Erkrankung kann offen und natürlich gesprochen werden.	☐	☐
Führungskultur		
Eine Führungskraft wird aufgrund ihrer sozialen Eignung eingesetzt. Neben der Führungslaufbahn existiert eine Fachlaufbahn. Führungsaufgaben werden mit klar definierten Zielen versehen und genauso überprüft wie sachliche Ziele.	☐	☐

	eher ja	eher nein
Führungskräfte bekommen Zeit zum Führen und werden in dieser Rolle unterstützt. Sie sind weder Coach noch Arzt oder Therapeut – bei tiefer gehenden Problemen der Mitarbeiter gibt es andere Anlaufstellen.	☐	☐
Fragmentierungen des Unternehmens durch einzelne Machtansprüche und Narzissmen werden unterbunden. Die Führungskräfte leben Vertrauen, Kooperation und Interaktion auf Augenhöhe vor.	☐	☐
Kommunikation/Prozesse/Qualität		
Organisationsaufbau und -ablauf werden immer wieder auf ihre Brauchbarkeit untersucht. Prozesse werden möglichst schlank und transparent definiert. Überall wird auf Energie- und Geschwindigkeitsverluste geachtet.	☐	☐
Die Schnittstellen kooperieren gut miteinander. Auf sachliche beziehungsweise kommunikative Reibungsverluste wird sofort eingegangen, Lösungen werden gesucht. Das Qualitätsmanagement sichert auch diese Facette der Unternehmenskultur.	☐	☐
Die Organisation schätzt offene, stabile Informationskanäle. Achtsame Kommunikation verhindert Sand im Getriebe.	☐	☐

	eher ja	eher nein
Unternehmenskultur		
Unser Unternehmen hat bewusst realistische Werte definiert, die konsequent und freudig gelebt werden.	☐	☐
Viele Beschäftigte in meinem Unternehmen bringen für ihre jeweilige Rolle die nötige Persönlichkeitsreife mit.	☐	☐
Bei uns gilt: Die Kultur muss nicht perfekt sein; es werden keine unrealistischen Anforderungen gestellt. Über Defizite wird gemeinsam reflektiert und man wächst daran. Ganz nach dem Motto: Verarbeitete Widerstände erzeugen Widerstandskraft.	☐	☐

Auswertung

Wenn Sie bei den meisten Punkten sagen konnten: »Ja, so läuft es bei uns«, dann arbeiten Sie in einem wirklich guten und widerstandsfähigen Unternehmen. Wenn Sie an vielen Stellen »eher nein« antworten mussten, arbeiten Sie in einem ganz normalen Unternehmen. Resilienz auf organisatorischer Ebene haben erst sehr wenige Unternehmen entwickelt. Aber lassen Sie sich nicht entmutigen: Es ist besser, die Schwachpunkte der Organisation zu kennen, als sich ständig unbewusst daran zu reiben.

Wie kann eine Organisation, ein Unternehmen resilienter werden? Die Entwicklungsmöglichkeit für die gesamte Organisation liegt im Zusammenspiel von Führungs- und Unternehmenskultur. Der Ausbau Ihrer persönlichen Resilienz und Ihrer Widerstandskraft als Führungskraft sind erste wichtige Schritte. Resilienztrainings setzen häufig auf dieser individuellen Ebene an. Wenn dann immer klarer wird, welche Rolle die Organisationsstruktur dabei spielt, entsteht auch bei der Unternehmensleitung nach und nach ein Bewusstsein dafür, wie und wo die Unternehmenskultur verändert werden sollte und könnte.

In folgenden Schritten können Sie die organisationale Resilienz ihres Unternehmens weiterentwickeln:

- Schritt 1: Vortrag oder Infoveranstaltung
- Schritt 2: Interne Maßnahmen und praxisnahe Unterstützung
- Schritt 3: Pilottraining und Maßschneiderung von Schulungen
- Schritt 4: Workshop mit der Unternehmensleitung
- Schritt 5: Resilienztrainings für Führungskräfte und Mitarbeiter
- Schritt 6: Stärkung der Teams und Schnittstellen
- Schritt 7: Einzelcoaching von »Schlüsselpersonen«
- Schritt 8: Installierung eines internen Resilienzberaters, der den Trainingstransfer begleitet
- Schritt 9: Überprüfung und Weiterentwicklung von Strukturen
- Schritt 10: Erfolge feiern, Resilienz für das Employer Branding nutzen

Diese zehn Schritte stellen einen längeren Prozess dar, der Mut und Beharrlichkeit verlangt. Viele Organisationen sind aber bei all diesen Themen längst unterwegs, und die neue Brille »Resilienzförderung« hilft ihnen, schon bestehende Maßnahmen zu stärken und besser miteinander zu vernetzen. Hier noch einmal ein konzentrierter Überblick, welches Ziel wir mit den verschiedenen Bewusstwerdungsprozessen erreichen möchten.

Resiliente Verhaltensweisen im Unternehmensalltag

Die folgende Darstellung aus der Broschüre »Ressourcenförderung in Zeiten ständigen Wandels« (Wellensiek/Kleinschmidt 2013, S. 13) konkretisiert den Unterschied zwischen resilientem Verhalten einer Person beziehungsweise einer Organisation oder eines Unternehmens angesichts einer schwierigen Situation (zum Beispiel die Umstrukturierung des Unternehmens) und der nicht-resilienten Reaktion auf ein Problem. Die Abbildung bietet einen Überblick für typische Reaktionsweisen von Menschen in ihren Rollen und Verantwortungsbereichen im Berufsalltag. Hierzu werden Beschäftigte in ihrer Position als Mitarbeiter, Führungskraft und Unternehmensleitung unterschieden:

!

Merkmale resilienten und nicht-resilienten Verhaltens bei Mitarbeitern, Führungskräften und Unternehmensleitung

	nicht-resilientes Verhalten (destabilisierend, schwächend)	resilientes Verhalten (stärkend)
Mitarbeiter	• Ist Veränderungen gegenüber grundsätzlich ablehnend und skeptisch eingestellt. • Hat wenig Gespür für konkrete persönliche Bedürfnisse, Grenzen, Anliegen, Gefühle. • Übernimmt wenig Verantwortung für sich selbst, erwartet eher Fürsorge durch andere. • Entspricht dem Typ »Flurfunk«. • Erstarrt angesichts von Veränderungsprozessen in abwartender Opferhaltung.	• Steht Veränderungen und persönlicher Entwicklung offen gegenüber. • Hat Kenntnis über und Verständnis für die eigenen Belastungsgrenzen und Kraftquellen (Ressourcen). • Sorgt gut für sich selbst (Pausen, Ausgleich, Grenzen et cetera). • Kommuniziert aktiv mit Kollegen und Vorgesetzten. • Gestaltet Veränderungsprozesse konstruktiv mit.
Führungskraft	• Ist getrieben von operativen Aufgaben, sieht wenig Möglichkeit beziehungsweise hat wenig Fähigkeit zur Delegation und Priorisierung. • Nimmt sich zu wenig Zeit für die Personalführung, entwickelt keine echte Beziehung zu den Mitarbeitern. • Verhält sich häufig unklar und untransparent.	• Achtet auf sich und seine Ressourcen, weiß um seine Leistungsgrenzen und Prioritäten. • Lebt »begleitende Führung«, hat eine klare, vertrauensvolle Beziehung zu seinen Mitarbeitern und fördert beziehungsweise unterstützt deren Eigenverantwortung und Lösungsorientierung. • Kommuniziert auch unangenehme Veränderungen klar und transparent.

	nicht-resilientes Verhalten (destabilisierend, schwächend)	resilientes Verhalten (stärkend)
Unternehmensleitung	• Bereitet sich nicht proaktiv auf Krisenzeiten vor. In Krisen fällt sie häufig durch überraschende, unangekündigte Strategiewechsel auf. • Ihre Information und Kommunikation mit Beschäftigten und Führungsebenen weist Mängel auf. • Fokus auf Zahlen, Daten, Fakten – der Mensch bleibt außen vor, wenn die Unternehmensleitung sich mit Veränderungen im Unternehmen beschäftigt.	• Denkt vorab mögliche Krisen und Veränderungen an – und entwickelt mögliche Strategien und Lösungswege. • Weist eine fest verankerte, transparente Informations- und Kommunikationspolitik auf. Informiert zeitnah auch über unangenehme Tatsachen. • Berücksichtigt neben der sachlichen auch die menschliche Ebene und die Kultur des Unternehmens.

Entwicklungen starten immer zunächst im Bewusstsein einzelner Personen, die sich mit Aufgaben und Fragestellungen profund auseinandersetzen. Bei diesem Thema sollten es die wirtschaftlich Verantwortlichen sein, die die Thematik aufgreifen und für ihre spezielle Unternehmenssituation durchdringen und strukturieren. Letztendlich sollte sich jeder Mitarbeiter kontinuierlich darin weiterentwickeln, kompetent zu sein, sich gesund und leistungsfähig zu halten und vor allem veränderungsbereit zu sein. Wer diese Haltung für sich selbst erlernt hat, wird sie auch in seine Arbeitsgruppe, seine Abteilung und in die ganze Unternehmenskultur einbringen. Was es braucht, ist ein lebendiges, kommunikatives Miteinander. Dann entsteht eine kollektive Kompetenz, um im Sinne der Ziele des Unternehmens auf Schwierigkeiten einzugehen. Heute steigert sich die Effizienz eines Unternehmens durch die Entwicklung seiner Mitarbeiter. Die Managementprozesse sind nicht das Problem; dieses Wissen und Handwerkszeug ist gut ausgearbeitet. Die Blockade im Alltag sind oft die Menschen, die Vertrauen, Kooperation und Kommunikation lernen sollten.

Hier ein Praxisbeispiel, wie ein solcher Resilienzprozess im Unternehmen ablaufen kann.

Belastender Change

Ausgangslage: Ein Elektronikbetrieb mit 500 Angestellten wird von einem Unternehmen aus dem Ausland aufgekauft und im großen Stil umstrukturiert. Es kommt zu Positionswechseln, Aufgabenverschiebungen und auch kulturellen Reibungen, die bei der Belegschaft großen Druck erzeugen. Der Veränderungsprozess stößt bei den Mitarbeitenden, die teils schon lange Jahre dort beschäftigt sind, auf Widerstände. Statt Annahme der neuen Situation steigen die Spannungen. Die Haltung ist: »Wir haben das schon immer so gemacht – warum soll es jetzt anders laufen?«

Problemerkennung und Maßnahme: Eine Personalverantwortliche hört einen Vortrag zum Thema Resilienz, erkennt darin den Nutzen für ihre Unternehmenssituation und organisiert folgende Maßnahmen für den Betrieb: Sie nimmt selbst an einer Schulung zur Resilienztrainerin teil. Sie kombiniert das Thema mit dem Gesundheitsmanagement und veranstaltet vier Vorträge für die gesamte Belegschaft zu den Themen: »Bewegung«, »Ernährung«, »Widerstandskraft in Zeiten der Veränderung« und »Gute Kommunikation bei hoher Belastung«. Die Geschäftsführung nimmt teil und begrüßt die Belegschaft zu den Vorträgen. Im Anschluss finden Pilottrainings mit dem mittleren Management statt. Hier geht es zunächst um den persönlichen Energiehaushalt, aber auch um die organisatorischen Ressourcen. Die Mitarbeitenden aus Schnittstellen in Vertrieb, Logistik und Marketing entwickeln im Handumdrehen Ideen, wie sie sich gegenseitig den Rücken stärken können.

Konsequenzen: Die Maßnahmen zur Stärkung der organisatorischen Stabilität werden der Geschäftsführung mitgeteilt und dort positiv aufgenommen. Die Resilienzschulung wird auf alle Führungskräfte ausgedehnt. Auch die erste Führungsebene nimmt an einem Resilienztraining teil und trägt die daraus resultierende Haltung weiter ins Unternehmen. Aus dem ursprünglichen Widerstand ist neue Motivation und Tatendrang entstanden.

Häufig gestellte Fragen

In vielen Gesprächen mit Unternehmensvertretern filtern sich immer wieder ähnliche Fragen heraus. Im Dezember 2012 kam es zu einem Interview zwischen Sylvia Kéré Wellensiek und der Agentur Kommunikation für gesellschaftliche Themen – neues handeln GmbH. Die wichtigsten Fragen und Antworten finden Sie im Folgenden:

Warum sollten sich Mitarbeitende eines Unternehmens mit Resilienz, also ihrer seelischen Stärke, auseinandersetzen? Ist das nicht eher eine Privatangelegenheit?

Resilienz ist in unseren Augen ein strategisches Thema, das man im Hinblick auf die demografische Entwicklung, den Fachkräftemangel und einer zunehmenden Anzahl psychisch Erkrankter sowie der Wettbewerbs- und Zukunftsfähigkeit eines Unternehmens ernst nehmen sollte.

Firmen sollten begreifen, dass ihre Mitarbeitenden eine Ressource darstellen. Sie müssen sich überlegen, wie sie diese der Arbeitswelt erhalten können. Gerade engagierte Mitarbeiter und Führende sind beruflich häufig überfordert und kommen schnell in den Schleudergang, insbesondere wenn auch noch private Probleme hinzukommen.

Profitieren alle Mitarbeitenden gleichermaßen durch die Beschäftigung mit dem Thema Resilienz?

Oft ist das mittlere Management einer Firma besonders von Überlastung betroffen. Zum einen sind diese Personen ihrem Team gegenüber loyal und helfen aus, wenn es brennt. Zum anderen bekommen sie von oben immer mehr Aufgaben aufgebürdet. Zwar haben Führungskräfte ihren Mitarbeitenden gegenüber eine Fürsorgepflicht. Diese können sie aber schlecht wahrnehmen, wenn sie selbst überfordert sind und Fürsorge benötigen.

Welchen praktischen Ansatz gibt es, um die persönliche Widerstandskraft zu stärken?

Der erste Schritt ist natürlich immer, sich zu informieren und dem Thema zu öffnen. Letztendlich gilt für jede Person das Gleiche: Betroffene müssen lernen innezuhalten, um aus dem Hamsterrad herauszukommen. Sie sollten ihre Aufgaben im Betrieb hinterfragen: Sind diese angemessen für meine Position? Sie müssen lernen, auf ihren Energiehaushalt zu achten, Grenzen zu setzen, Probleme aktiv anzusprechen und so weiter.

Welche Maßnahme kann ein Unternehmen dafür ergreifen?

Es geht hier eher um eine Maßnahmenkette. Zunächst muss sich eine Geschäftsführung mit dem Thema beschäftigen; das kann zum Beispiel über den Besuch eines Vortrags oder einer Großveranstaltung geschehen. Hier kann so eine Atmosphäre entstehen nach dem Motto: »Wir sind alle unter Druck! Wer aber auf dem letzten Loch pfeift, ist kein Jammerlappen, er wird nicht ausgelacht und ausgegrenzt, das kann auch unseren Besten passieren.« Dann sollte vor allem die Führungsebene geschult werden und überlegen, wo es Reibungsverluste in der Firma gibt, zum Beispiel aufgrund bestehender Strukturen. Nun gilt es, die Energie dafür zu finden, diese Themen auch anzupacken und aufzuarbeiten. Schließlich kann das Ganze zudem in Teamtrainings oder aber einzelnen Mitarbeiterschulungen vertieft werden. Eine Resilienzförderung wird aber nur dann gelingen, wenn die Betriebsleitung dies mitträgt. Es sollte nicht nur der Wille vorhanden sein, Mitarbeitenden eine gesunde Lebensbalance zu ermöglichen, sondern auch der Wille, die Strukturen und Strategien der Firma daraufhin zu überprüfen und zu verändern. Man kann also auch sagen, ein Betrieb entwickelt sich nur so gut, wie die Führungsspitze es zulässt. Wenn die obere Ebene sich nicht darauf einlässt, können die unteren Ebenen machen, was sie wollen, aber es wird keinen entscheidenden Einfluss auf das Unternehmen haben.

Sind die Effekte eines Resilienztrainings von Dauer und was müssen Personen tun, um nachhaltig davon zu profitieren?

Das ist so ähnlich wie bei der Behandlung von Rückenschmerzen. Um diese wieder loszuwerden, müssen Sie auch immer wieder trainieren. Bei Resilienz ist das nicht anders: Die Dinge, die man in der Schulung gelernt hat, müssen natürlich erst einmal in den Alltag übertragen werden. Um Ihre Ziele zu erreichen, ist es daher für Sie wichtig, zunächst kleine Schritte zu gehen, und Sie werden dabei immer wieder an Grenzen stoßen, die Sie überwinden müssen. Das kann natürlich eine Zeitlang dauern. Dann aber, wenn sich die ersten Erfolge einstellen und auch von anderen Mitarbeitenden im Betrieb wahrgenommen werden, entwickelt sich oft eine unglaubliche Eigendynamik. Das kann so weit gehen, dass im Betrieb ein richtiger Spirit entsteht.

Es heißt, aus einer Krise geht man gestärkt hervor. Ist dies eine zutreffende Regel? Und was geschieht dabei mit dem Menschen?

Jeder Mensch kann das bei sich selbst feststellen, denn neben Höhen durchlebt er auch Tiefen. Wer die Karre schon einmal an die Wand gefahren hat, entwickelt in der Regel ein Gefühl für solche Krisen, sie oder er wird achtsam. Das kann auch auf die Arbeit übertragen werden. Denn wer dort die Möglichkeit erhält, Negatives zu verarbeiten, der zieht aus Krisen auch positive Effekte. Das hat zunächst natürlich viel damit zu tun, wie Personen selbst mit einer Krise umgehen und ob sie sich outen. Wenn der Betrieb diese dann nicht alleinlässt, sondern stärkt, indem er sie wertschätzt, und gemeinsam eine Lösung gesucht wird, dann haben die Menschen daraus gelernt: Sie wissen, dass man über unangenehme Dinge konstruktiv reden kann, dass Risiken benannt und Grenzen aufgezeigt werden können.

Manche Unternehmen sind »von Natur aus« resilient

Viele Unternehmen arbeiten schon lange an ihrer Unternehmens- und Führungskultur. Sie haben sich durch intensive Prozesse ein bemerkenswertes Fundament erschaffen können. Gerade erfolgreiche Unternehmen im Mittelstand zeichnen sich durch besondere Widerstandskraft, Innovations- und Anpassungsfähigkeit aus. Sie verstehen es immer wieder neu, sich im Auf und Ab der Konjunktur zu behaupten. In diesen Firmen weht »von Natur aus« der Geist der Resilienz. Ihr Führungsstil und ihre Organisationsstruktur richten sich nach diesem aus.

Durch diese Ausrichtung an einem proaktiven Umgang mit den Herausforderungen des Marktes wächst die Resilienz des Unternehmens kontinuierlich. Sie ist in diesen Unternehmen systematisch als solide Basis für einen Wettbewerbsvorteil verankert. Um dieses intuitive Verhalten sichtbar zu machen und daraus eine strategische Organisationsentwicklung ableiten zu können, möchten wir einige Beispiele und mögliche Vorgehensweisen darstellen. Immer wieder greifen wir dabei auf mehrperspektivische Modelle zurück, die den Menschen und eine Organisation in verschiedenen Dimensionen abbilden.

Für die Resilienz eines Wirtschaftsunternehmens unterscheiden wir drei Dimensionen der Resilienz:

- organisatorische Resilienz
- kulturelle Resilienz
- lebendige Resilienz

Wir wollen im Folgenden diese Dimensionen erläutern und dabei Erfahrungen aus den Heiligenfeld Kliniken beispielhaft einbeziehen.

Organisatorische Resilienz

Unter organisatorischer Resilienz verstehen wir, dass die Strukturen und Prozesse so konfiguriert sind, das Unternehmen fähig ist, im heutigen, sich schnell verändernden Wettbewerb zu bestehen und sich kontinuierlich auf sachlich-menschlicher Ebene weiterzuentwickeln. Sie müssen deshalb gut genug strukturiert sein, um eine sichere Basis für die Unternehmensleistungen darzustellen. Sie dürfen darüber hinaus nicht zu starr sein, sondern müssen eine Flexibilität ermöglichen, um auf die internen Innovationsimpulse und die externen Marktveränderungen reagieren zu können. Und sie müssen umfassend genug strukturiert sein, um die Komplexität eines Unternehmens abzubilden und regulieren zu können.

Wir haben daher zusammen mit dem Organisationsberater Stephan Greb das umfassende Prozessmodell »Integriertes Managementsystem« für die Abläufe in den Kliniken entwickelt. Während heutzutage üblicherweise unter einem integrierten Management lediglich die Zusammenfassung von Qualitätsmanagement, Arbeitssicherheit und Umweltmanagement verstanden wird, haben wir dieses Modell grundsätzlich weiterentwickelt.

Im Folgenden beschreiben wir das Heiligenfelder Integrierte Management System (IMS) gemäß dem Heiligenfeld Prozesshandbuch.

In Heiligenfeld stehen zahlreiche Prozessbeschreibungen zur Verfügung, die innerhalb des IMS in drei Hauptkategorien unterschieden werden. Dabei ist der Wirkungsansatz entscheidend:

- Welchen Charakter hat der einzelne Prozess?
- Wirkt er mehr nach außen oder nach innen?
- Wirken die Ergebnisse des Prozesses führend oder regulierend auf andere Prozesse?

Kategorisierung der Prozesse

Managementverfahren		Leistungsprozesse		
führend/regulierend		interne		externe
leitend	systemregulierend	interne personale Prozesse	interne organisatorische Prozesse (IT, Güter, Gebäude)	externe Leistungsprozesse

Die Eingruppierung in dieses System ermöglicht die Ableitung der Wirkung des einzelnen Prozesses innerhalb des IMS und gibt dem Anwender Auskunft über

- zu berücksichtigende Ergebnisse aus anderen Prozessen
- die Einflussnahme der verantworteten Prozessergebnisse auf andere Prozesse

und gewährt den Verantwortlichen die optimale Informationsverarbeitung im Sinne der zu erzielenden Ergebnisse des IMS.

Leitende Prozesse sind Prozesse, deren Ergebnisse im Sinn des Unternehmens führenden Charakter haben und die Durchführung anderer Prozesse beeinflussen beziehungsweise in der Durchführung zu berücksichtigen sind.

Die Ergebnisse aus der Strategieentwicklung wirken leitend/führend auf Leistungsprozesse.

Die strategische Entscheidung, am Standort Bad Kissingen weiter zu expandieren, hat unter anderem zur Folge, dass das bisherige Verfahren zur Herstellung von Patientenessen ineffizient wird und auf ein neues Zubereitungsverfahren umgestellt wird.

Systemregulierende Prozesse sind Prozesse, deren Ergebnisse regulierenden Charakter haben, das heißt maßgeblich auf die Durchführung anderer Prozesse Einfluss haben. Beispiele:

- Die Ergebnisse aus dem Hygienemanagement wirken regulierend auf Leistungsprozesse der Behandlung.
- Behördliche Auflagen für die Gebäudenutzung nehmen Einfluss auf die Nutzung einzelner Räume (geeignet beziehungsweise zulässig als Patientenzimmer, Büro, Gruppenraum).

Interne personale Prozesse beinhalten vorwiegend personalbedingte oder -abhängige Themen. Sie sind Voraussetzungen für alle anderen Prozesse und Managementverfahren, die von Menschen durchgeführt werden. Beispiele:

- Dienst- und Urlaubsplanung
- Lohnabrechnung
- Ausbildung
- Supervision

Interne organisatorische Prozesse stellen den laufenden Betrieb sicher und ermöglichen die wertschöpfenden, externen Leistungsprozesse, haben allerdings keine unmittelbare Wirkung im Außenverhältnis. Auch sie sind Voraussetzung für alle anderen Prozessarten. Beispiele:

- interne Reparaturaufträge
- Zimmerreinigung
- Softwareinstallation

Externe Leistungsprozesse wirken direkt nach außen und sind in der Regel direkt oder indirekt über die Leistungssätze mit Einnahmen verbunden. Beispiele:

- Aufnahmeverfahren
- Eingangsdiagnostik
- Behandlungsverfahren

Das folgende Schema stellt die wechselseitigen Beziehungen der Prozessklassifizierungen dar und gibt, reduziert auf die wesentlichen Faktoren, Auskunft über die Komplexität des Systems Heiligenfeld.

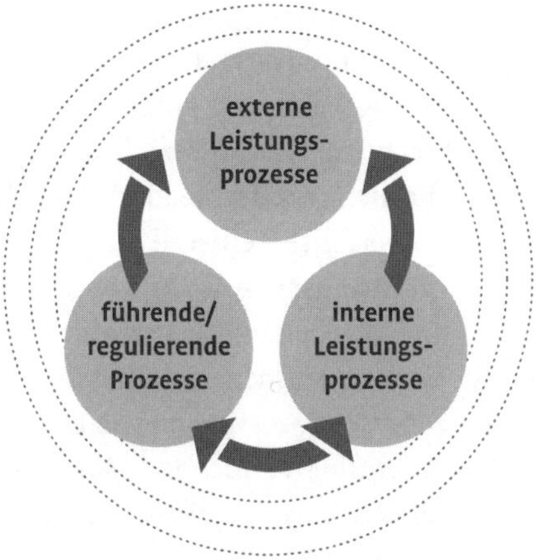

Für die Prozessverantwortlichen wird deutlich, dass die Definition einzelner Prozesse immer unter Berücksichtigung der einflußnehmenden Faktoren zu erstellen ist und nie autark betrachtet werden darf. Prozessergebnisse wirken auf andere Prozesse, Ergebnisse aus Managementverfahren verändern teilweise sogar ganze Prozessabläufe.

Die Zielsetzung des integrierten Managements ist es, das Heiligenfelder Führungsteam für die Komplexität des Systems zu sensibilisieren. Jeder Einzelne soll die Wirkung der verantworteten Prozesse kennen und einschätzen können, welchen Einfluss die Ergebnisse auf das Gesamtsystem haben. Es geht um ein Bewusstsein für das große Ganze, um Achtsamkeit im Vorgehen und um Integration. Durch die Gleichstellung aller Prozesse, ob interner oder externer Natur, erfahren alle Mitarbeiter eine gleichwertige Anerkennung und Wertschätzung. Dies wirkt bewusst einer Spaltung zwischen einzelnen Abteilungen entgegen und stützt die Unternehmenskultur erheblich.

Gelebtes integriertes Management in Heiligenfeld heißt Vernetzung statt Abgrenzung, Nutzung von Synergien, Verlässlichkeit und Toleranz.

Voraussetzung ist die Einsicht, Teil einer lernenden Organisation zu sein, Fehler als Chance für Weiterentwicklungen zu erkennen und Mut zu haben, Abläufe und Prozesse permanent verbessern zu wollen und brachliegende Potenziale zu nutzen.

Die Ergebnisse, die sich mit der wiederkehrenden Durchführung der Managementverfahren einstellen, sind an Verantwortliche nachfolgender Leistungsprozesse zu kommunizieren, damit die Auswirkungen und gegebenenfalls erforderliche Veränderungen berücksichtigt werden können. Gleichwohl besteht die Verantwortung der Prozessverantwortlichen von Leistungsprozessen darin, Ergebnisse von einflußnehmenden Managementverfahren oder Prozessen einzuholen, bevor ein Prozess im Rahmen des Qualitätsaudits für einen weiteren Zeitraum für gültig erklärt wird.

Durch diese Haltung aller Verantwortlichen ist gewährleistet, dass ein Optimum an Informationsaustausch gegeben ist und die Ergebnisse der einzelnen Verfahren und Prozesse ein effektives und synergetisches Gesamtsystem ergeben.

Eine immer umfassendere Entwicklung der Strukturen und Prozesse macht jedoch Unternehmen zunehmend bürokratisch. Vieles wird dann nicht mehr hinterfragt; man stützt sich weniger auf seine Erfahrungen und seine Intuition, sondern nur noch auf Kennzahlen, und dies begrenzt die weitere Unternehmensentwicklung. In der Untersuchung erfolgreicher Unternehmen, die eine gewisse Vorreiterfunktion besitzen, spricht man inzwischen vom Reifegrad einer Organisation. Und dieser Reifegrad eines Unternehmens hängt nicht nur von der Reife seiner Strukturen und Prozesse ab, sondern vor allem auch von der Reife der Unternehmenskultur.

Dr. Benedikt Sommerhoff, Mitarbeiter der Deutschen Gesellschaft für Qualität, hat daher ein Modell entwickelt, mit dem er sichtbar macht, dass auf dem Weg von der »Klitsche« zur »exzellenten Organisation« sich sowohl eine hohe Reife der Struktur als auch eine hohe Reife der Kultur entwickeln muss (Sommerhoff 2013, S. 21):

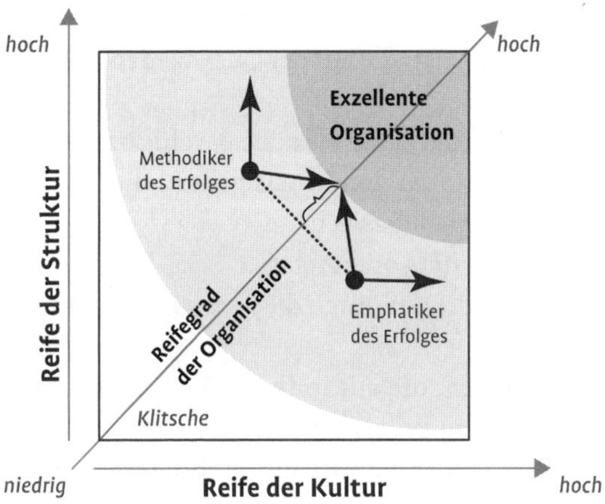

Kulturelle Resilienz

Kulturelle Resilienz entwickelt sich aus dem Verständnis der Bedeutung der Unternehmenskultur, der bewussten Gestaltung der kommunikativen Prozesse und der Bewusstseinsprozesse innerhalb des Unternehmens.

Die Unternehmenskultur dient den grundlegenden Prinzipien und Werten eines Unternehmens und seiner Unternehmensphilosophie. Sie ist so etwas wie der gemeinsame Geist oder auch die Seele eines Unternehmens. Sie zeigt sich vor allem im Kontakt, im Umgang miteinander und der Ausstrahlung der Führungskräfte und Mitarbeiter einer Organisation. Sie macht letztendlich ein Unternehmen einzigartig. Und wenn sie authentisch gelebt wird, ist sie für seine Kunden, Kooperationspartner und die umgebende Gesellschaft authentisch und damit attraktiv. Da es bisher wenig umfassende, praktisch anwendbare Modelle zur Entwicklung der Unternehmenskultur gibt, haben wir für uns einmal sieben Prinzipien formuliert und mit erfahrbaren Qualitäten verbunden:

- **Kooperation und Teamgeist**, die auf der Qualität der Verbundenheit basieren
- **Gesundheit** sowohl körperlicher als auch psychosozialer Art
- **Inspiration**, die über Motivation hinausgeht und auf einer beseelten Haltung zur Arbeit basiert
- **Innovation**, die Kreativität voraussetzt
- **Sinn und Spiritualität**, die wir durch die Betonung von Achtsamkeit angehen
- **Entwicklung und Lernen**, die auf individuelles Wachstum und organisationales Lernen ausgerichtet sind
- **Führungskunst**, die über Management weit hinausgeht und auf Verantwortlichkeit basiert.

Für jedes dieser Prinzipien haben wir größere Maßnahmen formuliert, die den klassischen Managementinstrumenten entsprechen, und darüber hinaus kleine Gesten implementiert, die kaum etwas kosten, die Unternehmenskultur jedoch erst richtig lebendig sein lassen.

Unternehmenskultur Heiligenfeld

Kooperation – Verbundenheit

Kleine Gesten: Freundlichkeit und Kontakt (grüßen, in die Augen sehen), Kommunikation im Fahrstuhl, Ansprechen von »Neuen«, »Wir« statt »Ihr« = Wirgefühl, »Danke!« (persönlich, elektronisch), persönliche und elektronische Abschiede, »Suche …« – »Biete …« (elektronisch)

Größere Maßnahmen: Mitarbeiterversammlungen, Mitarbeiterzeitung, Unternehmensgespräche, Teamsystem, Teamräume, Fortbildungen, Teamarbeit, Teamtage, Teamsupervision, Patensystem für »Neue«, Betriebsfeste und -ausflüge, Beschwerdemanagement für Mitarbeiter, Mitarbeiterbefragungen, QM-Gruppen, Intranet

Gesundheit – Gesunde Arbeit

Kleine Gesten: stille Phasen zur Entspannung, kostenlose Getränke und Obst, gelegentlich Vitamincocktails, Fahrradwochen, Schulter-Nacken-Massage am Arbeitsplatz, aktive Pausen, Körperübungen

Größere Maßnahmen: Erweiterung der Stelle Betriebsarzt zum betrieblichen Gesundheitsmanagement, hausinterne Wellness-Oase, Wellness-Gutscheine, Gesundheitserziehung für Azubis, vollwertige Ernährung, Fastenwoche, Rückenschule, Stressmanagement, Raucherentwöhnung, gesunder Arbeitsplatz, Influenza-Impfung

Inspiration – Beseelte Arbeit

Kleine Gesten: kleine Überraschungen am Arbeitsplatz, frisches Obst, Getränke, Kuchen, Lächeln, Humor, Herzlichkeit, persönliches Interesse, Fahrstuhlgespräche, Frage nach dem »Seelenfunken« in der Arbeit, Kultur des Dankens, sich in die Augen schauen, das Anderssein anerkennen und sich gegenseitig Fragen stellen, Selbstbewertungskonzept der Abteilungen zur Begeisterung

Größere Maßnahmen: Wertemanagement und Wertekommission, Leitbildprozess mit zwei Dritteln der Mitarbeiterinnen und Mitarbeiter, Mitarbeiterbefragungen, Arbeitszeitkonto, Teilzeitmodelle, Tankgutscheine, Kindergartenzuschuss, Beteiligungsmodell, Wellness-Konzept

Innovation

Kleine Gesten: kurze Besinnungen in Teamveranstaltungen, Caring-Gutscheine bei guten Ideen; Befragungen von Praktikanten, Patienten, Hospitanten, Besuchern und Einweisern nach Verbesserungsvorschlägen; ästhetische Arbeitsumgebung, Hospitationen in anderen Abteilungen mit Ideenabfrage

Größere Maßnahmen: Organisationsentwicklung (Großveranstaltung), Ideenmanagement, Meinungsforum, Fehlerkultur, systematischer Einsatz von Qualitätsmanagement, Wissensbilanz, Wertemanagement, Marktforschung; QM-Projekte wie Leitlinienentwicklung, Ressourcenverantwortung, Ästhetik am Arbeitsplatz, Erstellung eines Kalenders

Spiritualität – Achtsamkeit

Kleine Gesten: Momente der Stille oder kurze besinnliche Texte in Team- oder Therapieveranstaltungen, kurzes Innehalten in Arbeitsabläufen, kurze Körperwahrnehmung, gelegentliche innere und äußere Verlangsamung, im Mitarbeitergespräch nach eigener Vision/Werteverwirklichung fragen

Größere Maßnahmen: Tage der Achtsamkeit, Werteorientierung im Leitbild, Pavillon und Weg der Religionen, Meditationen für Mitarbeiter, Veranstaltungen und Weiterbildungen zu Achtsamkeit und Spiritualität zum Beispiel »Beseelte Psychotherapie«, Wertemanagement mit Projekten zur Achtsamkeit, Mitarbeiterbibliothek: Vorträge, Videos, Artikel

Entwicklung und Lernen – Wachstum

Kleine Gesten: Hospitation der Mitarbeiter in anderen Abteilungen, Rotationssystem in eigener Berufsgruppe, Fragen zur Besinnung und Reflektion: »Was nehme ich heute aus dieser Veranstaltung mit?«, »Wie setze ich das für mich in meiner Arbeit um?«, keine beschämende Fehlerkultur

Größere Maßnahmen: kostenlose Teilnahme an Akademieveranstaltungen, individuelle Personalentwicklung, für Führungskräfte internes/externes Coaching, differenzierte Einarbeitungskonzepte mit Paten, jährliche Weiterbildungsgespräche für Mitarbeiterinnen und Mitarbeiter und Einteilung in Anfänger/Fortgeschrittene/Routinierte (bei Therapeutinnen/Therapeuten auch Supervisorinnen und Supervisoren)

Unser wichtigstes Instrument zur Entwicklung der Unternehmenskultur ist eine Veranstaltung, die wir »Organisationsentwicklung« nennen. Hier kommen einmal in der Woche für 75 Minuten alle therapeutischen Mitarbeiter, alle Mitarbeiter der Verwaltung, aus dem Marketing, der EDV, alle leitenden Mitarbeiter und ausgewählte Mitarbeiter aus den Bereichen Küche, Hauswirtschaft und Facility-Management zusammen. In dieser Großveranstaltung beschäftigen wir uns einerseits mit klassischen Themen, wie zum Beispiel die Vorbereitung auf eine Zertifizierung, Überblick und Ideensammlung für das Marketing, Fehlermanagement oder Kundenorientierung. Andererseits haben wir uns auch intensiv mit dem beschäftigt, was das Wesentliche, die Essenz von Heiligenfeld ausmacht. Wir haben statt eines Leitbilds unsere essenziellen Werte formuliert. Wir haben aber auch nach Trends und Veränderungen gefragt und wie wir darauf reagieren können. Wir haben die Heiligenfelder politischen Positionen formuliert und diskutiert. In dieser Großveranstaltung kommen wir also mit etwa 150 bis 200 Mitarbeitern zusammen und nach einer Erläuterung des Rahmenthemas teilen wir uns in der Regel nach

Abteilungen oder abteilungsübergreifenden gemischten Gruppen auf, in denen wir die vorgegebenen Themen diskutieren und Ideen dazu entwickeln. Das Ganze wird protokolliert und systematisch ausgewertet. Einige Vorschläge oder Positionen werden auch beispielhaft in der Großgruppe kommuniziert.

Aus solchen Ideen und aus weiteren Impulsen heraus entstehen für einen Teil des Jahres Projektgruppen, die sich für zwei bis drei Monate innerhalb der gleichen Zeit (dann findet keine Großgruppe statt) in der Regel abteilungsübergreifend zusammengesetzt treffen und spezielle Konzepte und konkrete Umsetzungsvorschläge erarbeiten. Diese Veranstaltung ist ein zentrales Element unserer Unternehmenskulturentwicklung. Sie schafft ein gemeinsames Bewusstsein für das, was uns am Herzen liegt. Sie lässt einen wesentlichen Teil der Mitarbeiter zu Wort und ins Gespräch kommen und nutzt das Potenzial sowohl der leitenden als auch der nicht-leitenden Mitarbeiter zum Erkennen von Veränderungen, Chancen, Gefahren und Schwachstellen des Unternehmens und sie bringt eine Fülle von Ideen und konkreten Vorschlägen hervor, sodass die weitere Entwicklung unseres Unternehmens lebendig bleibt.

Wir haben dies etwas ausführlicher dargestellt, um zu veranschaulichen, wie es aussehen könnte, die psychosoziale Kompetenz aller Mitarbeiter eines Unternehmens in der Gestaltung der Unternehmenskultur zu entwickeln und zu nutzen.

Nachfolgend finden Sie die Kernprinzipien:

Die Heiligenfelder Essenz: Kernprinzipien

Leben

Heiligenfeld als Ganzes ist ein Ausdruck des Lebens. Darum stehen Lebendigkeit, Liebe zum Leben, Lebensfreude, Entfaltung des Lebens, Kreativität und die Verwirklichung von lebensförderlichen Visionen, Werten und Prinzipien in seinem Zentrum. Heiligenfeld ist ein Ort des Lebens und Arbeitens und Heilens.

Gemeinschaft

Die Unternehmenskultur ist ein Feld gemeinsamen Arbeitens und Lebens und ein Feld, sich darin zu entwickeln und zu wachsen. Die therapeutische Kultur ist eine Gemeinschaft des Leben-Lernens, des Sich-Beziehens und der Teilhabe an der mitmenschlichen Gemeinschaft und damit verbunden des sozialen Lernens und der gegenseitigen Unterstützung.

Menschlichkeit

Unser Umgang miteinander und den Patienten ist geprägt durch Herzlichkeit, Respekt, Achtung, Wertschätzung füreinander, Mitgefühl und Mitmenschlichkeit, also durch humanistische Werte.

Achtsamkeit und Präsenz

Heiligenfeld ist ein Feld des Gewahrseins, eine erwachende und bewusstwerdende Organisation. Achtsamkeit, Präsenz und Bewusstwerdung sind auch Kernprinzipien im Heilungsprozess. Eine Verankerung der Therapeuten in der eigenen Seele im Sinne einer beseelten Medizin und einer beseelten Psychotherapie fördert eine Öffnung der Seele der Patienten für Selbstreflexion und Heilung.

Entwicklung

Es besteht eine Freude an der Weiterentwicklung, der Evolution des Unternehmens, der Mitarbeiter und der Patienten. Wir leben Visionen, Kreativität und beständige Innovationen. Wir sind eine lernende Organisation im Sinne eines aufrichtigen Bemühens, auf dem Weg zu sein und anderen Menschen zu helfen, Leben zu lernen und auf ihrem Weg zu sein.

Einzigartigkeit

Jeder Mensch – ob Patient oder Mitarbeiter – wird als einzigartig betrachtet. Heiligenfeld gibt Raum für die Entfaltung der Einzigartigkeit des Menschen, der zugleich Teil einer mitmenschlichen Gemeinschaft ist.

Authentizität

Das Unternehmen, die Mitarbeiter und die Führungskräfte bemühen sich authentisch um die Verwirklichung der grundlegenden Werte und Prinzipien. Ehrlichkeit und Offenheit im Kontakt miteinander, mit den Patienten, Einweisern und Kooperationspartnern gehören ebenso dazu wie eine integre und glaubwürdige Unternehmensführung. Authentizität ist nicht immer vollständig möglich, aber eine Aufrichtigkeit gegenüber sich selbst und anderen, auch im Umgang mit Spannungen und Widersprüchen, wird gelebt.

Sinn und Dankbarkeit

Heiligenfeld gibt dem eigenen Handeln und dem eigenen Leben als Mitarbeiter oder Patient Sinn. Es fördert Sinnfindung, Sinnverwirklichung und Sinnerfüllung. Zugleich sind wir dankbar für diese Lebensmöglichkeiten und letztlich für das Geschenk des Lebens selbst.

Schönheit und Ästhetik

Heiligenfeld trägt bei zur Lebensverschönerung, zur Weltverschönerung sowohl in den Arbeitsbedingungen als auch in den therapeutischen Prozessen. Wir genießen und leben Schönheit.

Ganzheitlichkeit

Ganzheitlichkeit, Mehrperspektivität, Komplexität, integrierte und integrale Konzepte für das Unternehmen und für Heilungsprozesse entstehen aus dem Respekt vor der Vielschichtigkeit der Wirklichkeit und der letztlichen Unergründlichkeit des Lebens.

Heilung

Heiligenfeld ist ein Ort der Heilung, er schafft Rahmenbedingungen dafür, dass Heilung geschehen kann. Patienten werden mit ihren Störungen und Krankheiten angenommen, gehalten und getragen, sodass sie sich finden und neu orientieren können.

Lebensförderliche Strukturen

Heiligenfeld besitzt klare, transparente Strukturen, die ständig gemeinsam weiterentwickelt werden. Sie dienen der Heilung, der Bewusstwerdung, dem gemeinschaftlichen Leben und Arbeiten und werden durch eine klare Führung und Verantwortlichkeit auf allen Ebenen gelebt.

Flexible Abläufe

In den Abläufen werden die inneren Werte und Prinzipien ausgedrückt und gelebt. Die Prozessgestaltung entspricht einem lebendigen, flexiblen Grad an Organisation.

Vernetzung

Heiligenfeld strahlt seine Lebensorientierung und seine Werte aus und kommuniziert diese nach innen und außen. Es besitzt Verantwortlichkeit für die Umwelt und Mitwelt in ökologischer Ausrichtung, Umweltbewusstsein und sozialem Engagement. Es fördert Dialog und kollektive Bewusstseinsprozesse.

Kern der Entwicklung der Unternehmenskultur ist ein unternehmensweiter Dialog über die wesentlichen Werte, die das Handeln aller Beteiligten leiten. Eine explizite Werteorientierung ermöglicht es, auch in komplexen Situationen, die nicht geregelt oder strukturiert sind, eine Handlungsorientierung zu besitzen. Darüber hinaus führen sie letztendlich zu einer Synchronisierung des organisationalen Handelns.

Das werteorientierte Unternehmen

Wir sind überzeugt davon, dass in Zukunft eine werteorientierte Unternehmensführung eine entscheidende Rolle spielen wird. Denn der reine Preiswettbewerb ist ruinös, weil er nur durch Größe oder brutale Kostenkontrolle gewonnen werden kann. Der schon weiterentwickelte Wettbewerb um das Verhältnis von Preis und Qualität stellt unsere konventionelle, gegenwärtige wirtschaftliche Welt dar und führt zu einer Differenzierung der Angebotsmärkte in billige Massenware, mittlere Qualität für den bewussteren Verbraucher und Luxusgüter. Hier ist zwar eine Differenzierung im Wettbewerb möglich, man stößt aber auch hier alsbald auf seine Grenzen. Denn Kunden fragen zunehmend – neben dem Preis und der Qualität – auch nach den Rahmenbedingungen oder Hintergründen des Produkts beziehungsweise der Dienstleistung:

- Von welcher Firma stammt es?
- Wie geht diese Firma mit ihren Mitarbeitern um?
- Wie geht diese Firma mit der Umwelt um?
- Welches sind die Elemente, aus denen das Produkt hergestellt ist?
- Woher kommen die Produkte?
- Welche ökologischen und sozialen Kosten besitzt dieses Produkt?

Kunden wollen also nicht nur ein günstiges Produkt und eine gute Qualität, sondern sie wollen sich damit auch wohlfühlen – und das tun sie, wenn es ihrer Wertewelt entspricht. Verhält sich ein Unternehmen nicht integer oder gar destruktiv, so ziehen sich die Kunden zurück. Vertrauen in ein Unternehmen ist also auch ein wesentlicher Wettbewerbsfaktor geworden. Und dieses Vertrauen gründet sich auf das authentische Verwirklichen der verkündeten Werte.

Was ist eigentlich ein Wert? Ein Wert besitzt im Grunde zwei Dimensionen: eine subjektive Eigenschaft, die geschätzt, wertgeschätzt, erstrebt wird: also der subjektive Wert von etwas, der eben empfunden wird. Und er besitzt eine objektive Eigenschaft, die die Begründung für eine gerechtfertigte Schätzung ergibt: also der objektive Wert, der sich schließlich in einem Zahlenwert, einem Messwert oder einem Kaufpreis, einem Marktwert ausdrückt. Ein Grundwert könnte als ein wesentlicher Wert verstanden werden, als ein Wert, der auf das Wesen der Menschen bezogen ist. Ein zentraler Grundwert, der letztlich auch alle Ethik begründet, ist Güte, Gutheit.

Werte werden empfunden, gespürt. Sie leiten unser Handeln bewusst oder unbewusst. Ein Wertebewusstsein in seiner Komplexität entwickelt sich jedoch erst im Laufe des Lebens. Menschlichkeit etwa nach der Maxime, anderen nicht zu schaden, entwickelt sich erst im Lauf der Kindheit und ist nicht von Anfang an vorhanden. Dies setzt die Fähigkeit zur Empathie, Einfühlungsvermögen voraus. Das ist in der moralischen Entwicklung zu erkennen, und zwar sowohl beim Einzelnen als auch in der Entwicklung der Kulturen.

Moralisches Empfinden wird immer mehr verinnerlicht. Zunächst bedarf es äußerer Regeln, Gesetze und Autorität, an denen der Einzelne sich orientiert. Dann, mit zunehmender Einfühlungsfähigkeit, Selbstreflexionsfähigkeit und Vernunft, orientieren wir unser Handeln an unseren inneren Maßstäben. Lawrence Kohlberg (1996) nennt dies die Entwicklung von der egoistischen präkonventionellen Moral über die konformistische konventionelle Moral hin zur gewissenhaften postkonventionellen Moral. Diese postkonventionelle Haltung bewegt sich im Raum eines universalen Pluralismus; sie entwickelt Werte, Hierarchien und Wertesysteme und geht mit ihren Wandlungen um.

In einer pluralistischen Gesellschaft braucht es Raum für die unterschiedlichen Grade des Wertebewusstseins und für die unterschiedlichen Schwerpunkte. In Zeiten des Wertewandels – wie gegenwärtig – können neue Werteordnungen entstehen, mit der Gefahr des Rückfalls in primitivere Systeme, aber auch der Möglichkeit des Fortschritts hin zu weiteren, umfassenderen und gleichzeitig tiefer verankerten Strukturen. In solchen Zeiten mag es nützlich sein, sich auf einige Grundstrukturen zu besinnen, einige Grundprinzipien, die auch in unserer Werteordnung zu erkennen sind. Zu diesem Zweck möchte ich Ihnen Ken Wilbers Vier-Quadranten-Modell erläutern und es auf das Gesundheitswesen anwenden.

Ken Wilber ist ein zeitgenössischer amerikanischer Philosoph, der sich mit der individuellen Entwicklung des Menschen und der kulturellen Entwicklung der Menschheit beschäftigt und versucht hat, Grundprinzipien beziehungsweise Grundzüge darin zu erkennen. Neben einem Stufenmodell für die Entwicklung des menschlichen Bewusstseins, in das er unter anderem die kohlbergsche Theorie der moralischen Entwicklung miteinbezieht, konzipierte er ein Modell der Wirklichkeit, das aus vier Perspektiven oder vier Quadranten besteht (Wilber 2011). Jedes Phänomen, sei es ein Atom, ein Planet, ein Mensch, ein Gedanke oder eben beispielsweise ein Wert, ist in zwei Dimensionen betrachtbar: Es hat eine Innenseite und eine Außenseite.

Die Außenseite ist das objektiv Beobachtbare, das Messbare, das empirisch Nachweisbare, das Sichtbare, also in gewisser Weise die Oberfläche. Es ist das, was die Physik, die Biologie, aber auch die Verhaltenswissenschaften untersuchen. Die Innenseite ist das Subjektive, das Erlebte, das Empfundene, das Bewusstsein, in diesem Sinne die Tiefe. Es ist das, was Philosophie, Tiefenpsychologie, Religionen untersuchen. Es bezieht sich aber gleichermaßen auf die Intention eines Moleküls, die Autonomie einer Zelle und so weiter.

Außerdem kann jedes Phänomen in seiner Individualität oder in seiner Kollektivität betrachtet werden. Individuell ist jedes Phänomen eben ein Einzelphänomen, selbstständig, kohärent, auf

Eigenständigkeit bedacht. Es wird also als Einzelwesen betrachtet, wie zum Beispiel eine einzelne Person. Gleichzeitig ist jedes Phänomen Teil eines größeren Ganzen, partizipiert am größeren Ganzen, ist Ausdruck eines größeren Ganzen, hat also eine soziale und verbundene Dimension, wie es die Kultur- oder Systemtheorien beschreiben.

Aus den beiden komplementären Paaren subjektiv-objektiv und individuell-kollektiv ergeben sich also vier Perspektiven, vier Quadranten. Für jeden Quadranten können wir typische Denker und Forscher, ja sogar typische Wissenschaften finden. Für jeden Quadranten gibt es eigene Beschreibungen der Gesetze, eigene Wahrheitskriterien und anderes mehr. Bezogen auf uns Menschen finden wir also folgende vier Quadranten:

- die individuelle, subjektive Welt, also das subjektive Erleben des Einzelnen
- das beobachtbare, individuelle Verhalten von Menschen und ihre physische Erscheinung
- die subjektive, soziale Seite, also die Beziehung von uns Menschen, die schließlich die Kultur ausmachen
- das soziale System, die soziale und gesellschaftliche Organisation unseres Lebens

Wenn wir nun dieses Modell auf Werte anwenden, so kommen wir zu folgendem Wertesystem (s. Abbildung auf der nächsten Seite).

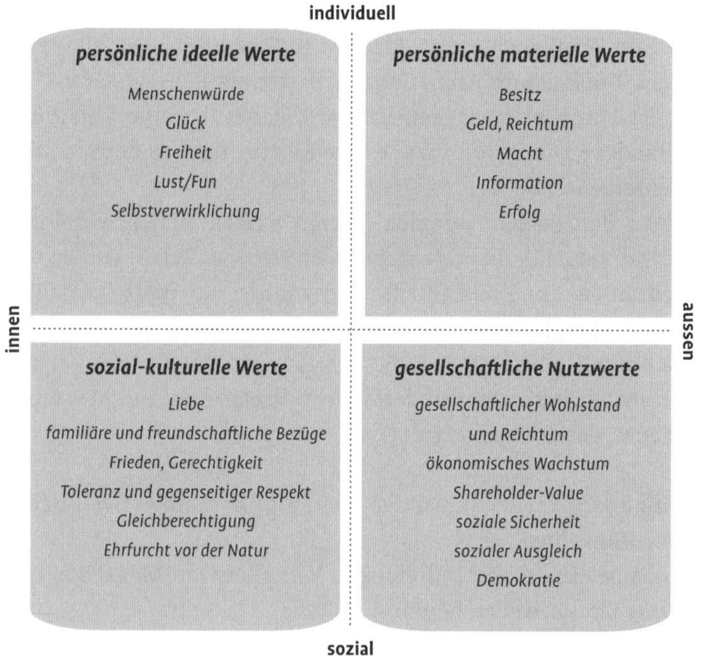

Natürlich ist dieses Schema nicht vollständig. Einige der angeführten Werte können natürlich infrage gestellt werden, andere wären zu ergänzen. Uns kommt es jedoch gegenwärtig nicht auf das Detail an, sondern auf die Perspektiven. Diese vier Quadranten sind fundamentale Perspektiven des menschlichen Lebens. Sie sind sozusagen der gemeinsame Schatz der Menschheit. Das menschliche Leben ist differenzierter und komplexer geworden. Um damit gut und vernünftig umgehen zu können, ist es erforderlich, zunächst einmal diese vier grundlegenden Perspektiven anzuerkennen, die mit ganz unterschiedlichen Werten zusammenhängen. Diese Anerkennung erst ermöglicht ein echtes ganzheitliches Verständnis der Wirklichkeit. Der Schweizer Philosoph Jean Gebser nannte diese Weltsicht integral (Gebser 1973).

Angesichts der Herausforderung zu solcher Komplexität stehen wir einigen Gefahren gegenüber. Die naheliegendste Gefahr besteht darin, einen dieser Quadranten oder gar nur einen Teil dieses Quadranten zu verabsolutieren. Dies würde bedeuten, einen Grundwert in den Rang des Höchsten und Dominanten zu erheben (zum Beispiel Shareholder-Value). Die Folge wäre ein Reduktionismus, ein verkürztes Verständnis der Wirklichkeit, das andere Qualitäten und Perspektiven missachtet. Mit der Missachtung etwa der gesamten linken und inneren Seite und der damit verbundenen Werte von Humanität und Solidarität müssen wir gegenwärtig leben, wenn die Wirtschaftlichkeit oder die technische medizinische Qualität die beherrschenden Werte für unser Gesundheitswesen werden. Diese Verkürzungsmöglichkeit, die Identifizierung mit einer Perspektive, also einer Ideologie, trägt den Charakter des Dogmatischen und Fundamentalistischen. Dies grenzt aus, dominiert, missachtet, verachtet. Dies ist der Schatten der Einseitigkeit, des Parteiischen, der Polarisierung. Ein integraler Standpunkt basiert auf Anerkennung, auf Respekt, auf Innehalten und Wirkenlassen.

Eine weitere, wesentliche Gefahr, in der wir gesellschaftlich stehen, ist die des Zerfalls der Werteperspektiven. Menschen, die mit einzelnen dieser Perspektiven identifiziert sind, haben oft gar keinen Kontakt mit Menschen, die andere Perspektiven vertreten.

Beispiele für den Zerfall der Perspektiven

Wir finden es beispielsweise erstaunlich, wie völlig unbeeinflusst die Ethikdiskussion in der Organmedizin von Beiträgen der ärztlichen oder psychologischen Psychotherapeuten (rechts oben und links oben) ist, oder wie mancher Vertreter eines Kostenträgers nur noch (kollektiv betrachtete) Regelbehandlungsdauern oder Gesamtbudgets vor Augen hat, während der einzelne Patient in seinem Ringen um Heilung möglicherweise jedes Verständnis für die Kosten seiner Behandlung vermissen lässt.

In der tagtäglichen Wirklichkeit einer Klinik ist dies manchmal nicht mehr zu vermitteln. Wie bewerten wir das Selbstbestimmungsrecht eines kranken Menschen, der sich eine bestimmte Behandlung oder eine bestimmte Einrichtung dafür auswählt und aus dem Kalkül einer Versorgungssteuerung durch den Verwaltungsakt eines Rentenversicherungsträgers gegen seinen Willen woanders hingeschickt wird? Das Problem hierbei ist nicht allein die Dominanz eines Grundwerts über einen anderen, sondern das mangelnde Verständnis füreinander, der Zerfall der Perspektiven.

Dies sind unseres Erachtens die beiden größten Gefahren im Umgang mit den Grundwerten: die dogmatische Reduktion auf einzelne Grundwerte und der Zerfall der Werteperspektiven.

Wir brauchen ein komplexes Wertesystem und eine innere Grundhaltung, die fähig ist, dies zu handhaben. Jean Gebser nun nennt diese erforderliche Grundhaltung a-perspektivisch (Gebser 1973). Bezogen auf das Modell von Ken Wilber wäre es beispielsweise unsere Position, dass wir auf diese Perspektiven schauen. Wir sehen diese Perspektiven mit den entsprechenden Grundwerten vor uns, aber wir sind nicht identifiziert mit ihnen. Wir können Perspektiven einnehmen, wir können aber auch in der Position des Betrachters bleiben. Die Position des Betrachters ist a-perspektivisch, nicht gebunden an eine Perspektive, frei von jeder einzelnen Perspektive. Wir können die Wirklichkeit nicht anders als durch diese Perspektiven betrachten. Wir schaffen und konstruieren unsere gesellschaftliche Welt mithilfe dieser Perspektiven. Wie können wir dem Ganzen gerecht werden? Woher wissen wir, welches die richtige oder angemessene Perspektive ist? Dazu wollen wir die a-perspektivische Haltung noch etwas genauer betrachten. Bezogen auf die Werte ist sie wertefrei, aber nicht im konventionellen Sinne »wertfrei«. Sie ist Werte erkennend, Werte wahrnehmend, den Wert von Werten überhaupt spürend, den Wert der Werteperspektiven erkennend. Die a-perspektivische Haltung ist damit verankert im Wesen des Menschseins. Sie erkennt, dass es eben eine Eigenschaft, eine Eigenart des menschlichen Wesens ist, Werte wahrzunehmen, sich an Werten zu orientieren, Werte fühlen, erkennen und konstruieren zu können, und zwar genauso eine Eigenart, wie die Bewusstwerdung und das Erkennen-Können oder das Verbundensein mit anderen Menschen und die innere Freiheit Eigenarten des Menschseins sind. Sie ermöglicht somit eine Wahrnehmung der natürlichen Ordnung, der Grundordnung des Seins und ist selbst Ausdruck dieser. Die a-perspektivische, wesensverankerte Haltung ist damit ein echter Standort für eine wirklich integrierende, ganzheitliche Position. Erst von hier aus kann gewichtet werden, kann zwischen den Standpunkten und Perspektiven ausgetauscht werden, ohne fundamentalistisch zu sein. Erst hier ist ein echter Pluralismus, ein echter Dialog möglich.

Die Voraussetzungen für einen Dialog sind grundsätzlich:

- die Anerkennung des anderen, der Respekt für ihn und die Wertschätzung seiner Position. Dies würde – bezogen auf unser Modell – bedeuten, die vier Quadranten, die vier Perspektiven anzuerkennen.
- die Fähigkeit und die Bereitschaft, sich in den anderen hineinzuversetzen, sich einzudenken und hineinzufühlen und ihn zu verstehen, damit also der Perspektivwechsel.
- das Innehalten und Sich-Verankern auf einer Ebene, die wir gemeinsam teilen, beispielsweise der existenziellen Ebene unseres menschlichen Wesens. Dieses Innehalten ist auch ein inneres Stillwerden, eine Art Meditation, die uns mit den Kräften unserer Intuition in Verbindung bringt – denn das Gewichten, das Entwickeln eines guten und angemessenen Wertegefüges wird intuitiv geschehen (intuitiv im Sinne einer klaren, aufgeklärten, offenen Haltung: nicht sentimental, aber auch nicht rationalistisch).

In einem werteorientierten Unternehmen werden nun die wesentlichen Werte oder Wertebereiche explizit formuliert und immer wieder kommuniziert. Regelmäßiger Dialog, sowohl mit den Einzelnen als auch mit den Teams und innerhalb der Führungsebene, über die wesentlichen, zugrunde liegenden Werte hält das Wertebewusstsein lebendig. So kann der Kern eines Unternehmens, nämlich seine Unternehmensphilosophie, sichtbar gemacht werden. Die Unternehmensphilosophie stellt aus unserer Sicht das grundlegende Unternehmenskonzept dar, das auf den vorherrschenden Werten und grundlegenden Prinzipien für das wirtschaftliche Handeln eines Unternehmens beruht.

In den Heiligenfeld Kliniken haben wir für folgende Wertebereiche wertebezogene Ziele, Indikatoren und Maßnahmen formuliert: wirtschaftliche, patientenbezogene, mitarbeiterbezogene, arbeitsplatzbezogene, ökologische, kooperative und gesellschaftliche Werte.

Werte	Ziele
wirtschaftliche	Wirtschaftlichkeit, Expansion, effiziente Prozessorganisation, Innovationen
patientenbezogene	hohe Behandlungsqualität, Patientenzufriedenheit, Menschlichkeit
mitarbeiterbezogene	Qualifikation, soziale Kompetenz, Inspiration, Gesundheit, Spiritualität, Führungskompetenz
arbeitsbezogene	lebendige Unternehmenskultur, gute Arbeitsbedingungen, Kooperation
ökologische	biologische Ernährung, Energieeffizienz, effizienter ökologischer Ressourcenverbrauch
kooperative	gute Zusammenarbeit mit Einweisern, ehemaligen Patienten, Kostenträgern, Kapitalgebern und Lieferanten
gesellschaftliche	regionale und gesellschaftliche Verantwortung, Öffentlichkeitswirksamkeit

Das lebendige Unternehmen

Ein Unternehmen ist ein lebendiger sozialer Organismus. Es besteht aus dem Zusammenwirken von menschlichen Lebewesen, die ein Produkt erzeugen, also eine Ware herstellen oder eine Dienstleistung erbringen. Wie Menschen, Lebewesen oder die Natur überhaupt können wir einen solchen sozialen Organismus nie vollständig verstehen. Er ist eben keine einfache Maschine oder ein kompliziert konstruierter Apparat, sondern etwas Lebendiges, das evolutionär entstanden ist. Um mit seiner Komplexität umgehen zu können, brauchen wir entsprechende Unternehmensmodelle, die vor allem im Rahmen des strategischen Managements entwickelt worden sind. Ein gutes Beispiel hierfür ist die Balanced Scorecard. Sie ist ein Führungsinstrument, das von der Vision ausgehend für vier verschiedene Perspektiven eines Unternehmens Ziele, Maßnahmen und Kennzahlen zur Zielerreichung formuliert. Im Zentrum der Balanced Scorecard stehen die Visionen des Unternehmens, die letztendlich aus unserem Herzen, aus unserer Seele stammen. Die Visionen sind jedoch bereits Bilder und Antworten auf unsere innersten Anliegen, die wir mit unserer beruflichen Tätigkeit verbinden. Im Kern der Balanced Scorecard stehen also eigentlich unsere tiefsten inneren menschlichen Anliegen als Unternehmer, Leitende oder Mitarbeiter. Und diese inneren Anliegen beruhen im Grunde auf der Wahrnehmung des Lebensfelds, in dem man eben lebt. Sie beruhen letztlich auf der Offenheit und Rezeptivität für die ganze Welt, für die Evolution, die in sich selbst Keime zur Weiterentwicklung, Entfaltung und Wandlung trägt.

Die Entwicklung einer resilienten Organisation basiert also zunächst einmal auf einer dynamischen, kontinuierlichen Weiterentwicklung der Prozesse und Strukturen. Um zu einem höheren Reifegrad zu kommen, ist es erforderlich, ebenso viel Wert auf eine resiliente Unternehmenskultur zu legen, diese bewusst zu machen und bewusst zu gestalten. Im Kern jeder Unternehmenskultur liegen die wesentlichen Werte, an denen sich sowohl das alltägliche Handeln als auch die strategischen Entscheidungen orientieren. Ein authentischer Dialog über die wesentlichen Werte, ihre Gewichtung und ihr Zusammenspiel lässt eine Unternehmenskultur aufblühen und lebendig sein.

Vielleicht geht es letztendlich in der Resilienzentwicklung um die Entfaltung unserer Lebendigkeit, um den Anschluss an das Leben in uns, persönlich, organisatorisch und gesellschaftlich. Ein lebendiges Unternehmen orientiert sich in seinem Kern an der Lebendigkeit, schätzt und achtet das Leben, bejaht und liebt letztendlich das Leben. Es versteht sich als Ausdruck der Evolution, als Ausdruck des Lebens und entfaltet sich aus sich selbst heraus. Es stellt in den Mittelpunkt nicht die Funktionen und Rollen der Menschen, sondern ihre Lebendigkeit. Es weiß, dass es nur aus lebendigen Menschen besteht, deren Inspiration, Engagement, Leidenschaft, Aktivität und Kompetenz seine Ergebnisse produzieren. Es ermöglicht den Menschen, ihre eigene Lebendigkeit zu spüren und ihr Leben zu erfüllen. Es kreiert eine lebendige Unternehmenskultur der gegenseitigen Unterstützung, Inspiration und Kooperation. Es ermöglicht die Teilhabe am größeren Ganzen, das jedem Einzelnen einen Sinn und eine Orientierung gibt. Ein lebendiges Unternehmen strukturiert und organisiert sich in vielfältiger Weise wie das Leben selbst. Es organisiert die Verhaltensweisen der Einzelnen, ihre Kommunikation, die Strukturen der Führung und seine selbstregulativen Prozesse. Es ist selbstreferenziell und reflexiv, es spürt sich auf eine gewisse Weise selbst und verändert sich. Ein lebendiges Unternehmen betrachtet sich als Teil seiner Mitwelt und tauscht sich aus. Es nimmt auf, was es zum eigenen Leben braucht, und wirkt zugleich gestaltend in die Welt hinein. Es dient damit letztendlich dem gesamten Leben und sieht seinen Sinn und seine Bestimmung darin, das Leben zu beschützen, anzureichern und weiterzuentwickeln.

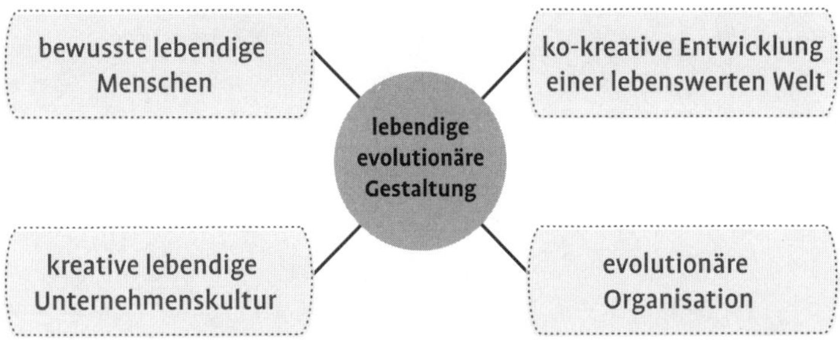

Die Gesellschaft: komplex zusammengesetzt, verlangt sie nach neuen Antworten

—— *Teil 03*

Das psychosoziale System der Gier

Wir brauchen Ihnen die Probleme und Entgleisungen unseres Wirtschaftens nicht ausführlich zu beschreiben: Korruption, unangemessen hohe Vorstandsgehälter, überzogene Eigenkapitalrenditen, innere Kündigungen, eine wachsende Schere zwischen Arm und Reich, Spekulationsblasen und Destabilisierungen von Volkswirtschaften, Marktfundamentalismus und Neoliberalismus sind nur einige Stichworte, die auf mangelnde Kontrolle und mangelnde Moral innerhalb unseres Wirtschaftssystems hinweisen. Wie kann es eigentlich dazu kommen, und was drückt sich in diesen destruktiven Aspekten aus?

Die komplexe Problematik unseres Wirtschaftslebens ist nach George Soros (2000) im sogenannten Marktfundamentalismus begründet. Er meint damit, dass das wirtschaftliche Handeln sich verselbstständigt hat; dass es nicht mehr darum geht, Dinge herzustellen und auszutauschen, die einen wirklichen Wert für die Menschen haben. Das wirtschaftliche Handeln orientiert sich oft nur noch an wirtschaftlichen Kennzahlen, an dem Shareholder-Value und an der Steigerung der Rendite des eingesetzten Kapitals. Wirtschaftliches Handeln steht in seiner Eigendynamik nicht mehr im Dienst der Kultur, im Dienst der gemeinsamen Gestaltung unseres Lebens, im Dienst der Selbstverwirklichung oder des Austauschs unserer Fähigkeiten, sondern unsere Kultur, unsere Kooperation und unsere Fähigkeiten werden genutzt und letztlich sogar missbraucht zur Steigerung der Kapitalrenditen.

Polarisierend betrachtet ist es nicht mehr so, dass die Märkte das Kapital suchen und nutzen, sondern dass das Finanzkapital sich Märkte sucht und dort schafft, wo es sich selbst vermehren kann. Doch eine solche Vermehrung ist sinnlos und hat keinen größeren Zusammenhang mehr. Wirtschaftliches Handeln ist dann primär angetrieben vom Interesse des Kapitals, sich selbst zu vermehren. Diese eigengesetzliche Verselbstständigung des Wirtschaftslebens scheint etwas objektiv Gegebenes zu sein und wie ein Naturgesetz abzulaufen. Bei genauer Betrachtung liegt jedoch in seinem Innersten etwas zutiefst Subjektives und Individuelles: die Gier als starke, unbewältigte menschliche Wesenseigenschaft.

Diese Gier wie üblich als persönliches Interesse zu beschreiben, wirkt verharmlosend und geht dem Phänomen nicht tief genug auf den Grund, denn sie hat sich im Wirtschaftsleben ein sich selbst verstärkendes und von unseren übrigen Wesensmerkmalen abgekoppeltes Feld geschaffen. Der Gier der Kapitalgeber und Unternehmer nach Vermehrung des eigenen Kapitals steht die Gier der Kunden nach mehr materiellem Reichtum und Erlebnisintensität gegenüber. Es darf nur eine kurze Befriedigung dieser Bedürfnisse geben, damit dieser Prozess in Gang bleibt. Daher kann es nur zu oberflächlichen Befriedigungen kommen, dem kurzen, aber heftigen Kick, einer Ansammlung äußerer Werte, verbunden mit einer leichten Austauschbarkeit der Waren und Dienstleistungen. So entsteht aus diesem Feld der Gier eine Kultur der intensiven Oberflächlichkeit, die wie ein individueller und gesellschaftlicher Rausch wirkt. Der beschriebene Marktfundamentalismus und die ihm zugrunde liegende Dynamik der Gier erscheinen wie ein internationaler Suchtprozess, mit dem wir uns als Menschheit zugrunde richten können, wenn wir nicht lernen, ihn zu kontrollieren und zu beherrschen.

Wir sind der Überzeugung, dass das größte Problem, das wir Menschen zurzeit besitzen, darin besteht, dass wir unsere tierische Vergangenheit, unsere Instinkthaftigkeit und Triebhaftigkeit noch nicht wirklich beherrschen. Wir sind noch zu sehr unbewältigtes und unkontrolliertes »Tier« und noch zu wenig Bewusstsein, das zu der Größe aufgewacht ist, die wir eigentlich besitzen. Wir sind vielleicht vor vielen hunderttausend Jahren aufgestanden und laufen jetzt aufrecht durch die Gegend, aber geistig sind wir noch nicht zu unserer wahren Größe aufgestanden.

Niemand wird bestreiten, dass wir Menschen Bedürfnisse besitzen; darauf basiert ja letztlich die wirtschaftliche Produktion. Es gibt eine Fülle von Theorien zu Bedürfnissen und Bedürfnishierarchien, die wir nicht weiter ausführen wollen. Wesentliche Bedürfnisse dürften die nach Besitz und nach Erlebnissen sein. Natürliche Bedürfnisse, wie wir am Beispiel der Nahrung und der Sexualität erkennen, wollen befriedigt werden; ist dies der Fall, sind sie erschöpft. Man kann sie nicht unendlich wiederholen. Wenn man ihnen jedoch verfällt und von ihnen beherrscht wird, dann stellen sie eine Sucht dar: Esssucht, Sexsucht ... Interessanterweise fördert nun die Gesetzlichkeit des Wirtschaftssystems das Besitz- und Erlebnisbedürfnis, denn mit Geld lassen sich eben alle möglichen Bedürfnisse, etwas zu haben oder zu erleben, kaufen und damit erfüllen. Die Logik des Wirtschaftens, der maximalen Gewinnorientierung zu folgen, die höchste Rendite auf das eingesetzte Kapital anzustreben, trägt dazu bei, dass dieses Besitzbedürfnis sich verselbstständigt. Es ist nämlich nie vollständig erfüllt: Man glaubt, nie genug Geld zu haben oder haben zu können. Ein äußeres gesellschaftliches System, nämlich das ökonomische System, und ein inneres subjektives Bedürfnis haben sich verschränkt und verselbstständigt. Die Folge dieser Verselbstständigung ist eine Verrohung des Bedürfnisses. Seine »tierische« Grundstruktur, das unmittelbare Begehren, also die Gier, treten in den Vordergrund. Und eine unkontrollierte Gier, die uns beherrscht und der wir verfallen sind, nennen wir Sucht. Man könnte somit von einer Geldgier oder gar von einer Geldsucht sprechen. Um die Macht und die Kraft dieser Struktur zu verstehen, halten wir es für entscheidend, die Komplementarität, also die Verschränktheit und Gleichzeitigkeit von etwas Individuellem, Persönlichen, Subjektiven und Gefühlten auf der einen Seite und etwas Kollektivem, Objektiven und Äußeren, systemisch Vorhandenen auf der anderen Seite zu sehen. Man könnte dies ein psychoökonomisches System nennen, das diese Geldgier hervorbringt und von ihr wiederum gestützt und weiterentwickelt wird. Und als wäre dies nicht genug, besitzen wir noch weitere Felder dieses psychosozialen Systems der Gier.

Ein wesentliches Merkmal eines solchen psychosozialen Systems der Gier besteht in der Umkehrung von Zielen und Mitteln: Das Wirtschaftssystem ist dann nicht mehr Teil unserer Kultur, dient nicht mehr der Arbeitsteilung und dem Austausch unserer Fähigkeiten, sondern funktionalisiert alles Menschliche zur Gewinnerzielung. Mehr und mehr Lebensbereiche werden ökonomisiert, um neue Märkte aufzubauen, neue Investitionen zu ermöglichen und neue Einnahmen zu generieren.

Das Gleiche scheint für unser politisches und für unser mediales System zu gelten. Das an sich verständliche und legitime Bedürfnis von uns Menschen danach, etwas zu bewirken, unsere Lebensbedingungen zu verbessern und uns zu verwirklichen, kann im Dienst der Menschheit stehen und die Evolution auf eine gute Weise weiterentwickeln. Leider erleben wir aber auch hier eine Unersättlichkeit. In vielen Fällen haben Politiker ihrem Empfinden nach nie genügend Einfluss und genügend Geltung. Die politischen Strukturen fördern Seilschaften, Intrigen, Machtspiele und Skrupellosigkeit. Mühselig sucht man nach integren Politikern, denn ihre Persönlichkeit wird durch die Machtkämpfe, die vielen inneren Verletzungen und deren Verarbeitung verformt. Auch hier verroht das Bedürfnis nach Wirksamkeit und verselbstständigt sich zur Gier nach Macht, der alles andere untergeordnet wird. Die Gefahren, die sich daraus entwickeln können: Politiker dienen nicht den Menschen oder den großen Ideen der Menschheit, sondern sie herrschen. Sie benutzen die Medien und die Wirtschaft, Mitstreiter oder Gegner und politische Positionen, um ihre Macht auszubauen. Damit verfallen sie der Machtgier. Und wenn sie die Macht verlieren, fühlen sie sich häufig leer, stürzen ab oder kompensieren ihren Machtverlust.

Die Intensität und Macht dieses Musters können wir nur verstehen, wenn wir die zwei Seiten sehen: das persönliche, individuelle Machtbedürfnis, das sich zur Machtgier verselbstständigt hat, und das dazugehörige politische System, das einen solchen Hunger benötigt und fördert.

Dieses psychopolitische System, wie man es nennen könnte, wird in unserer Gesellschaft noch ergänzt durch ein psychomediales System. Auch die Medienwelt dient häufig nicht mehr der Aufklärung und der Information, also der zunehmenden Bewusstwerdung von uns Menschen über die Welt und wie wir sie gestalten, sondern sie funktionalisiert uns Menschen, sie benutzt uns, um Aufmerksamkeit zu erzeugen. Privates, Wirtschaftliches, Politisches, Kulturelles: alles wird zu Ereignissen gemacht, die die Auflagenhöhe oder die Einschaltquoten steigern sollen. Und auch dieses mediale System verschränkt sich mit einem unserer tiefsten inneren Bedürfnisse, nämlich dem nach Gesehenwerden und Bewundertwerden. Doch Psychotherapeuten wissen, dass dieser Hunger nach Aufmerksamkeit, dessen Wurzeln in unserer Kindheit liegen, letztlich nie gestillt werden kann, wenn die Defizite aus der Kindheit nicht angemessen aufgearbeitet werden. Wenn die Medienwelt einem so viel Aufmerksamkeit schenkt, dass die eigene Bedürftigkeit nicht mehr gespürt wird, sondern es vielleicht gar als Kick und Rausch erlebt wird, im Scheinwerferlicht zu stehen, dann kann sich dieses Bedürfnis verselbstständigen und eine unersättliche Gier zur Folge haben, berühmt zu sein. Denn auch die Gier nach Aufmerksamkeit oder Ruhm kennt keine Grenzen, und wir wissen, dass viele Menschen, die im Licht der Medien stehen, abstürzen, wenn sie diese Aufmerksamkeit verlieren.

Unsere Gesellschaft wird also beherrscht durch die Gier nach Geld, Macht und Ruhm. Und dies ist nicht nur eine Angelegenheit vieler einzelner Menschen, sondern ebenfalls eine Angelegenheit unseres ökonomischen, politischen und medialen Systems. Letztlich leben wir also in einem psychosozialen Giersystem. Sie mögen diese Darstellung als krass empfinden; wir haben allerdings noch gar nicht dargestellt, was es für Folgen hat, wenn die Gier der Wirtschaftswelt, der Medienwelt und der politischen Welt zusammenwirken.

Gier ist aus unserer Sicht eine Übersprungshandlung. Dahinter steht ein Mensch, der wesentliche Bedürfnisse nicht erfüllt bekommt. Bewusstseinserweiterung kanalisiert Bedürfnisbefriedigung und gibt ihr einen angemessenen Platz, damit tieferliegende Potenziale zum Wirken kommen können.

Die Krise unseres Bewusstseins

Wir leben nicht nur in einer Finanz- und Wirtschaftskrise, sondern vor allem in einer Krise unseres Bewusstseins. Denn wenn unser ökonomisches und ökologisches Verhalten aus dem Ruder läuft, dann hat dies etwas mit unseren inneren Werten, Prinzipien und Denkgewohnheiten zu tun. Doch die äußere Krise geht noch nicht tief und weit genug, um uns zu einem umfassenderen Bewusstseinswandel zu nötigen. Wir sind zu sehr verhaftet in unseren materialistischen, egozentrischen und rationalistischen Paradigmen, als dass wir unsere Angst gegenüber ideelleren, kollektiveren oder gar komplexeren integralen Denk- und Fühlweisen überwinden könnten. Wir brauchen eigentlich nicht nur ein gesellschaftliches Gespräch darüber, wie wir wirtschaften wollen, nach welchen Werten, Prinzipien, Anreizstrukturen und mit welchem Bewusstsein. Wir brauchen ein viel fundamentaleres Gespräch darüber, wie wir leben, unsere Kinder ausbilden, mit Gesundheit und Krankheit umgehen, wie wir mit den Medien umgehen oder uns medial informieren und unterhalten lassen, wie wir uns regieren lassen oder wie wir mit Macht umgehen wollen.

Nicht nur die Wirtschaft, sondern auch alle wesentlichen gesellschaftlichen Bereiche, wie die Politik, die Medienwelt, das Bildungssystem oder das Gesundheitswesen sind bereits in einer Bewusstseinskrise. Aber wir erkennen dies noch nicht tief genug und wursteln noch viel zu sehr im Äußeren an Detailproblemen herum. Hier wird der Dschungel der Regelungen und Paragraphen immer unübersichtlicher, ohne dass es zu grundlegenden

Weiterentwicklungen kommt. Viele Menschen verlieren sich in der Unübersichtlichkeit und der Komplexität der modernen Welt und versuchen, ganz persönlich und relativ allein, die inneren und äußeren Anforderungen zu bewältigen, denen sie ausgesetzt sind. Dass unsere Krise eigentlich eine Krise unseres Bewusstseins ist, ist auch an der Zunahme der psychischen Störungen zu erkennen, die in praktisch allen Industrienationen zu vermerken ist.

Wir vertreten also die These, dass unsere äußeren Krisen vor allem auf eine innere Krise unseres Bewusstseins verweisen und dass zu ihrer Lösung eine tiefere innere Verankerung und ein kollektiver Bezug, also eine Erfahrung der Verbundenheit miteinander, erforderlich sind. Eine tiefere innere Verankerung resultiert aus der Überprüfung unserer inneren Philosophie, unserem Menschenbild, unserem Selbstbild, den Grundwerten, an denen wir uns orientieren. Sie bedeutet eine Verankerung in unserem Herzen, vielleicht in unserer Spiritualität, in der Tiefe und Weite unserer Seele, in der Klarheit und Offenheit unseres Geistes.

Die Globalisierung hat uns einen Wettbewerb der Wirtschaftssysteme bereitet. Ausgesprochen planwirtschaftliche Wirtschaftsordnungen sind von den marktwirtschaftlichen Ordnungen verdrängt worden. Innerhalb der marktwirtschaftlichen Systeme scheint es mit zunehmendem Wohlstand und zunehmender Bildung eine Tendenz von puren kapitalistischen hin zu mehr sozialen Marktwirtschaften zu geben. Nach Ansicht verschiedener wirtschaftlicher Vordenker stehen wir gegenwärtig an einer Schwelle zu einer Weiterentwicklung der sozialen Marktwirtschaft im Sinne einer ökosozialen Marktwirtschaft, wie beispielsweise Franz Josef Radermacher sie in seinem Buch »Balance oder Zerstörung« (2002) darlegt oder einer nachhaltigen Marktwirtschaft, wie sie Michael von Hauff in »Die Zukunftsfähigkeit der sozialen Marktwirtschaft« (2007) nennt. Auf jeden Fall benötigen wir ein viel intensiveres gesellschaftliches Gespräch darüber, wie wir unsere Wirtschaftsordnung als Teil der Weltwirtschaft weiterentwickeln wollen. Wir tragen eben nicht mehr nur Verantwortung für unser eigenes Handeln, sondern ebenfalls für die Weiterentwicklung der Rahmenbedingungen unseres Handelns – und zwar nicht nur aus egoistischem Interesse, sondern als Ausdruck unserer Teilhabe an der Lebensgemeinschaft aller Menschen.

Wettbewerb der Unternehmensphilosophien

Auf der Ebene der Unternehmen finden wir ein ähnliches Bild. Unternehmen unterscheiden sich zunehmend in ihren Unternehmensphilosophien. Unter Unternehmensphilosophie verstehen wir, wie dargestellt, das grundlegende Unternehmenskonzept, das auf den vorherrschenden Werten und grundlegenden Prinzipien für das wirtschaftliche Handeln beruht. Das betriebswirtschaftliche Paradigma beispielsweise einer börsennotierten Aktiengesellschaft folgt primär dem Shareholder-Value. Das bedeutet: Das gesamte wirtschaftliche Handeln ist der finanziellen Wertsteigerung der Investoren verpflichtet. Das Ziel ist die Maximierung der Kapitalrendite, egal in welcher Branche und mit welchem Inhalt das Unternehmen tätig ist. Mitarbeiter sind primär Kosten- und Produktionsmittel, die gesellschaftliche Kultur ist ein Absatzmarkt und die anderen Unternehmen sind Wettbewerber. In den letzten Jahren hat vor allem Peter Spiegel mit Muhammad Yunus, dem Friedensnobelpreisträger und Begründer der Grameen Bank, die Mikrokredite ausgibt, die Idee eines Social Business bekannt gemacht (Yunus 2010). Darunter versteht man den Einsatz des wirtschaftlichen Instrumentariums eines Unternehmens zur Lösung sozialer Probleme. Entsprechende Unternehmen sind primär an sozialen Werten orientiert. Sie sind nicht auf maximale finanzielle Profitabilität ausgerichtet, sondern setzen jegliche Profite wieder für soziale Projekte oder Aktivitäten ein. Der Anreiz zur Kosteneffizienz liegt darin, weitere Möglichkeiten für ein Social Business zu erarbeiten. Ein Social Business ist also eigentlich eine soziale Aktivität mithilfe unternehmerischen Handelns. Für die Akteure liegt der Wert in ihrer Sinnerfüllung, ansonsten in der Verbesserung der Lebensbedingungen von benachteiligten sozialen Gruppen.

Zwischen shareholder-value-betriebenen Unternehmen und dem Social Business befindet sich soziales Unternehmertum oftmals in der Form von Familienunternehmen. Die von solchen Unternehmen verfolgten Werte sind heterogener, die Schwerpunkte sind unterschiedlich gelagert. Manche betonen den wirtschaftlichen Erfolg mehr langfristiger oder auch kurzfristiger Art, andere prägt eine Fürsorge für ihre Mitarbeiter und dauerhafte stabile Arbeitsplätze, wiederum andere engagieren sich in ihrer Region oder in Sozialprojekten. Die genaue Mischung hängt vor allem von den Wertesystemen und den Persönlichkeiten der jeweiligen Unternehmer ab (s. Abbildung).

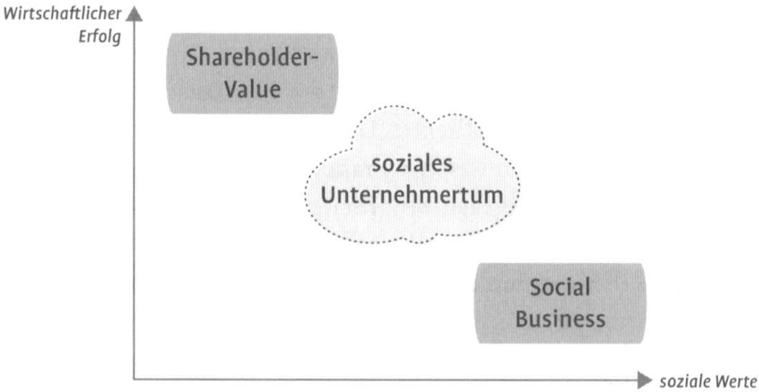

Neben sozialen Werten können soziale Unternehmen natürlich auch ökologische Werte verfolgen. Auch ein Social Business könnte ein ökologisches Business oder ein ökosoziales Business werden, wenn man die globalen Orientierungen zu Unternehmensaufträgen machen möchte. Das »Spiritual Venture Network« – ein Netzwerk von spirituellen Menschen in wirtschaftlicher Verantwortung, das wir 1999 mitgegründet haben, schafft gerade eine Plattform für »sozio-spirituelles Business«. Damit ist die Idee gemeint, unternehmerische oder wirtschaftliche Aktivitäten zur Förderung und Vertiefung eines spirituellen Bewusstseins einzusetzen beziehungsweise Spiritualität für konkretes wirtschaftliches Handeln fruchtbar zu machen. Ein sozio-spirituelles Business könnte sowohl in Form eines spirituellen Unternehmertums als auch in der Form eines spirituellen Business ohne Profitorientierung umgesetzt werden.

Unternehmen besitzen heutzutage bereits unterschiedliche Unternehmensphilosophien, denen sie folgen. Ihre Leistungen werden durch sie geprägt und letztendlich auch ihre Marke durch die Unternehmensphilosophie bestimmt. Wenn eine Marke lediglich durch oberflächliche Marketingbotschaften aufgeladen wird, kann sie hohl oder verlogen wirken. Kunden beachten dies zunehmend, denn ihnen wird die Authentizität einer Marke immer wichtiger: Erfüllt die Marke das, was sie vorgibt zu sein? Kunden wählen zunehmend ein Produkt oder eine Dienstleistung nicht mehr nur nach Preis und Qualität aus, sondern auch danach, wie viel ökologische Verantwortung es übernimmt, wie es mit seinen Mitarbeitern umgeht und wie viel soziales Engagement es zeigt.

Neben einem Preis- und Qualitätswettbewerb werden wir somit zunehmend in einen Wettbewerb der Unternehmensphilosophien eintreten, bei dem die Authentizität der vertretenen Werte eine besondere Rolle spielen wird. Unsere These lautet, dass die Zukunft unternehmerischen Handelns in einem werteorientierten Business bestehen wird, das eine oder mehrere Werteperspektiven zu integrieren versucht, wie wir es schon skizziert haben. Die Unternehmen werden aufzeigen, auf welche Werte sie besonders viel Wert legen und welche Werte in ihrem Produkt oder in ihrer Dienstleistung besonders stark zum Ausdruck kommen: sei es der Preis, die funktionale Qualität, die soziale oder ökologisch verantwortliche Produktionsweise, die kundenorientierte oder mitmenschliche Leistung und vielleicht auch das gesellschaftliche oder spirituelle Engagement eines Unternehmens. Dies bewirkt neben den einfachen Billigprodukten eine komplexe Vielfalt von

Angeboten und Marken, denen sich Kunden aus ihren eigenen, immer komplexer werdenden Wertesystemen verbunden fühlen.

Werteorientiertes Business ist damit Ausdruck der Vielfalt des Lebens, das sich nicht nur im Mangel befindet und eine Ökonomie der Befriedigung von existenziellen oder kreierten Mangelzuständen begründet, sondern das auch aus der Fülle schöpfen, unterschiedliche Werte und Ziele verfolgen und diese schöpferisch zum Ausdruck bringen kann. Werteorientiertes Business dient dem Leben und folgt dem Paradigma des kreativen und schöpferischen Ausdrucks eines lebendigen Organismus. Ein solches Unternehmen zu führen, ist keine einfache, durchrechenbare, durchplanbare oder durchorganisierbare Angelegenheit, sondern erfordert eine Kunstfertigkeit, eine »Kunst des Wirtschaftens«.

Die Kunst des Wirtschaftens

Was könnte eine Kunst des Wirtschaftens bedeuten, und wie kann sie uns inspirieren?

Definition von Kunst

Der Begriff »Kunst« besitzt nach dem Duden und anderen Wörterverzeichnissen im Grunde zwei Bedeutungen:

- »Schöpferisches Gestalten aus den verschiedensten Materialien oder mit den Mitteln der Sprache, der Töne in Auseinandersetzung mit Natur und Welt«, wie zum Beispiel die bildende Kunst, die darstellende Kunst, angewandte oder abstrakte Kunst. Damit können auch ein einzelnes Werk oder die Werke eines Künstlers oder einer Epoche gemeint sein. Hierbei geht es also um künstlerisches Schaffen.
- »Das Können, besonderes Geschick, (erworbene) Fertigkeit auf einem bestimmten Gebiet«, wie zum Beispiel die ärztliche Kunst. Hiermit ist also eher ein meisterliches Können, eine Kunstfertigkeit gemeint.

Können wird eine zunehmende Bedeutung erhalten, meint Christine Ax und sieht uns auf dem Weg von einer Wissensgesellschaft in eine »Könnensgesellschaft« (Ax 2009), in der neben der eher unpersönlichen Information des Wissens die praktische Erfahrung von kompetenten Menschen benötigt wird.

Eine Kunst des Wirtschaftens wird zunächst einmal eine Kunstfertigkeit darstellen – eine Art Meisterschaft auf den Feldern des Wirtschaftens. Wie könnte die Kunst aussehen, Unternehmer zu sein? Ein solches Unternehmertum wird heutzutage gelegentlich als Entrepreneurship bezeichnet. Andy Freire, ein aus Argentinien stammender Unternehmensberater, der in den USA seit vielen Jahren in Organisationen zur Förderung von Entrepreneuren arbeitet, nennt elf ultimative Bedingungen eines Entrepreneurs (Freire 2006):

- Freiheit und Unabhängigkeit als Hauptmotiv
- wenig Ambitioniertheit bezüglich Geld
- Leidenschaft
- Ergebnisorientierung
- Spiritualität
- immer wieder neu beginnen und lernen
- den Weg genießen
- Erfolge teilen
- Entschlossenheit
- Optimismus und Träume
- bedingungslose Verantwortlichkeit für das eigene Tun

Was einen Unternehmer, schreibt er, »wirklich zu einem besseren Unternehmer macht, sind diese elf Voraussetzungen: Sie machen ihn zum Visionär, lassen ihn die Rolle des aktiv Gestaltenden übernehmen, der immer wieder Neues lernen möchte und sich seinem persönlichen Wachstum widmet, der seinen Selbstwert entwickelt, um so zu klareren Entscheidungen zu kommen, der sich in seine Projekte verliebt und sich ihnen bedingungslos verpflichtet, der lernt, mit seinem Team zu teilen, der Risiken auf sich nimmt, um Unabhängigkeit zu erlangen, und der vor allem lernt, sich am Prozess selbst, ob Erfolg oder Misserfolg, zu freuen.« (Freire 2009, S. 288)

Er nennt solche Unternehmer »Gladiatoren«: »Sie spüren das unternehmerische Blut in ihren Adern fließen, und sie werden – unabhängig vom Zusammenhang – Unternehmer. Selbst wenn ihnen andere Möglichkeiten offenstehen, entscheiden sie sich für eine Laufbahn als Unternehmer. Auch wenn sie von Gelegenheiten gerne profitieren, fühlen sie sich unabhängig von Trends oder Umständen dem verpflichtet, was sie tun. Dies sind die wirklichen Entrepreneure.« (Freire 2009, S. 299)

Auch die Führungskunst unterscheidet sich von der reinen Managementkompetenz, die heute viel beschrieben wird: Während Manager die richtigen Dinge tun, tun Führer das Richtige. Während Manager wie Baumeister seien, seien Führer die Architekten. Während Management auf Planung und Kontrolle aufbaue, konzentriere sich Führung auf die gemeinsame Vision. Lance Secretan beschreibt sechs Prinzipien einer neuen, im Grunde kunstfertigen Führung (Secretan 2007). Er nennt sie die »CASTLE-Prinzipien«.

Die sechs Prinzipien lauten:

- Mut (Courage)
- Echtheit (Authenticity)
- Dienen (Service)
- Wahrhaftigkeit (Truthfulness)
- Liebe (Love)
- Effektivität (Effectiveness)

Wir könnten diese Betrachtung noch weiter in ein Unternehmen hineinverlagern, zum Beispiel in den Service eines Hotels. Klaus Kobjoll vom Schindlerhof in Nürnberg sagt dazu:

> *»Nicht das Handwerk, sondern das Kunsthandwerk des Servicemanagements ist für uns letztlich die entscheidende Komponente. Und das feine Ausbalancieren der verschiedenen Servicefaktoren ist für uns nun mal Kunsthandwerk. Unternehmen, die ihr Servicemanagement konsequent vorantreiben, entfernen sich immer weiter von den Unternehmen, für die Service nur eine Trainingssache oder ein Schulungsprogramm oder irgendwie sonst etwas Nettes darstellt.« (Kobjoll 2004, S. 166)*

Er spricht von der Kunst des Housekeepings, der Kunst, Gästewäsche zu pflegen, oder von der Kunst, Gäste zu begeistern.

Dies bringt uns schließlich zur zweiten Definition von Kunst, nämlich der schöpferischen Gestaltung, dem eigentlichen Künstlertum. Können wir für eine Kunst des Wirtschaftens etwas lernen von Künstlern selbst? Dafür bieten sich vor allem darstellende Künstler an: Dirigenten, Musiker, Choreographen, Tänzer, Regisseure. Denn sie gestalten – wie in der Wirtschaft – einen Event, sie produzieren ein Erlebnis, sie wirken zusammen in einem gemeinsamen Prozess, in dem sie ihr Handeln aufeinander abstimmen und zu einem gemeinsamen Ergebnis bringen.

Um uns diesen Blickwinkel nahezubringen, möchten wir einige Passagen des Dirigenten Christian Gansch zitieren aus seinem Buch »Vom Solo zur Sinfonie – Was Unternehmen von Orchestern lernen können« (2006):

> *»Ein Dirigent oder Unternehmer müsste unendlich viele Hände haben, um alle Koordinations- und Führungsprozesse selbst bewältigen zu können. Aber das ist weder nötig noch sinnvoll. Denn es sind ja gerade diese autark-internen Führungsprozesse, welche Spitzenteams von eher durchschnittlichen Ensembles unterscheiden. Die permanente abteilungsübergreifende Interaktion aller beteiligten Instrumentengruppen unter der verantwortungsbewussten Führung ihrer Vorspieler ist die entscheidende Basis für ein lebendiges gemeinsames Musizieren und bildet die Voraussetzung für den gemeinsamen Erfolg.« (S. 24)*

Wir können ein Unternehmen nicht vollständig in den Griff bekommen. Es ist eben keine Maschine, sondern ein lebendiger sozialer Organismus. Führung geschieht überall, nicht nur an der Spitze, und basiert auf unserer Selbstführung, unserer Selbststeuerung. Wie kann es gehen, das Führungsprinzip überall im Unternehmen lebendig werden zu lassen? – Gansch schreibt weiter:

> *»Ein Team muss ›instrumentiert‹ werden. Ein Wechselspiel unterschiedlicher Charaktere und Temperamente ist das Ziel. Einer spielt Geige, ein anderer Trompete, ein Dritter schlägt die Pauke. Jeder hat im entscheidenden Moment seinen Auftritt.« (S. 99)*

»Würde sich jede einzelne Stimme eines Ensembles gleichberechtigt selbstverwirklichen, so würde dies nur Verwirrung stiften, da sich keine Struktur mehr mitteilen kann, welche eine übergeordnete Vision erst erfassbar und erlebbar macht.« (S. 117)

»Freiheit darf für den einzelnen Musiker nicht Selbstzweck sein. Freiheit kann nur in dem Sinne verstanden werden, dass eine einzelne Solostimme ihre persönliche Stimme zwar einbringt, aber stets im Kontext des bereits zuvor Entstandenen und Erlebten, also im Kontext einer stetigen Entwicklung, die vor dem Musiker, der sich entfalten will, begonnen hat und nach ihm weitergeht.« (S. 149)

Hieraus klingt für uns das Geheimnis einer gelingenden Arbeit, nicht nur einer guten Führung: die Verbindung von Gestaltung und demütiger Teilhabe, von individueller Selbstverwirklichung und Dienerschaft gegenüber dem Ganzen. Und wir vergessen in unserer ichbezogenen Kultur oft die Verantwortung für das gemeinsame Ergebnis, für das Team, das Unternehmen, die Gesellschaft, denen wir dienen und die uns einen Platz und einen Sinn geben im großen Gefüge des Lebens. Eine Gestaltung in Hingabe, ein rezeptives, offenes hingegebenes Gestalten, das ist die Kunst der Führung.

Das gemeinsame Ziel eines Orchesters beschreibt Gansch folgendermaßen:

»Ein vielschichtiges Gefüge aus unterschiedlichsten Qualitäten, die miteinander in Beziehung stehen, bildet aus vielen Stimmen einen Gesamtklang, in dem sich alle Beteiligten nach ihren Möglichkeiten einbringen und wiederfinden.« (S. 86)

»Einheit und Vielfalt sind eben kein Widerspruch, denn nur auf diese Weise gelangt man innerhalb des Unternehmens ›Orchester‹ vom individuellen Solo zur vielstimmigen Sinfonie. Erst die Fülle der individuellen Fähigkeiten und Charaktere, die sich gemeinsamen Werten

> *verpflichtet fühlen, ergeben einen tragfähigen Gesamtklang. Viele Stimmen – ein Ziel. Dies sollte auch in anderen Unternehmen stets gegenwärtig sein.«* (S. 203)

Der Gesamtklang, der Einklang, die gemeinsame Melodie, die den Menschen berührt: Könnten das nicht auch Attribute einer hohen Kunst des Wirtschaftens sein? Eines Wirtschaftens, das sich selbst als Kunst versteht im Sinne eines schöpferischen Gestaltens der Wirklichkeit? Und hätte nicht ein ganzheitlich verstandenes Wirtschaften die Chance, sowohl unsere Bedürfnisse zu befriedigen als auch kulturell künstlerische Impulse zu geben, sowohl profitorientiert zu arbeiten als auch humanistische oder gar ästhetische Werte zu verfolgen, sowohl den grauen Alltag zu organisieren als auch tiefe Erfahrungen des gemeinsamen Wirkens zu ermöglichen, sowohl nützliche, preiswerte Produkte und Dienstleistungen anzubieten als auch die Herzen der Menschen zu berühren?

Es gibt Alternativen zum psychosozialen System der Gier. Diese basieren auf einem Bewusstsein, das bereit ist, sich verantwortungsvoll den gesellschaftlichen Aufgaben zu stellen. Wirtschaftliches Handeln ist immer ein gesellschaftliches Wirken und wird eine Gesellschaft schwächen und zum eigenen Vorteil ausnutzen oder einen schöpferischen und wertvollen Beitrag leisten und somit zu gesellschaftlicher Resilienz beitragen. Aber dazu braucht es eine tiefe innere Verankerung in den Werten und eine neue Ethik.

Eine neue Ethik

Es gibt in den letzten Jahren eine unübersehbare Bewegung: Unternehmensverantwortung, Ethics in Business, Corporate Social Responsibility, Corporate Citizenship, Wertemanagement, Ethik-Kommissionen, Ethik-Richtlinien sind neue Begriffe, an denen dies ablesbar ist. Wertestudien, wie die Deep White-Studie der Akademie Schloss Garath aus den Jahren 2002 bis 2005, wie die Studie für Aktienkursentwicklung und Nachhaltigkeitsperformance von Morgan Stanley und Ökom Research aus dem Jahr 2003 oder die Langzeitstudie von Collins & Porras zeigen einen eindeutigen Zusammenhang zwischen werteorientierter Unternehmensführung und Unternehmenserfolg, und zwar anhand harter ökonomischer Kennziffern wie Aktienkursen, Börsenwerten und so weiter.

In der gegenwärtigen Diskussion wird jedoch dabei die Art der Werte nicht unterschieden. Viele durchaus integre, meist ältere Businessleader fordern dabei eine Rückbesinnung auf Werte, die noch in abendländischen, bürgerlichen, patriarchalen Familien vermittelt wurden. Es handelt sich um solche Werte wie Gerechtigkeit, Fairness, Verlässlichkeit, Ehrlichkeit, Pflichtbewusstsein, Gehorsam und Verantwortung. Diese »alten« Werte sind Teil unseres moralischen Empfindens. Sie werden, wie uns die Psychoanalyse aufgezeigt hat, von Autoritätspersonen vermittelt und prägen unser Über-Ich. Nicht nur äußere Gesetze und die Androhung von Strafen prägen unser Verhalten, sondern auch unser Gewissen, unsere Moral, drohende Schuldgefühle bei Verstößen gegen unsere Über-Ich-Gebote oder -Verbote.

Doch diese Regulationsstruktur funktioniert nicht mehr in ausreichender Weise. Familiäre und gesellschaftliche Autoritäten dienen nicht mehr als Vorbilder, deren Werte und Regeln wir verinnerlichen. Viele der alten Werte, wie zum Beispiel Gehorsam oder Pflichtbewusstsein, sind nur noch teilweise überzeugend, und die Befreiung vom inneren Richter, vom strengen Über-Ich, wird als ein wesentlicher Schritt in der Persönlichkeitsentwicklung heute gesucht. Vielen Menschen bereitet es geradezu eine Freude, eine alte, zum Beispiel körperfeindliche Moral zu überwinden und sich frei zu fühlen, mehr den eigenen Wünschen zu folgen.

Im Wirtschaftsleben reiben sich sicherlich einige die Hände, wenn es ihnen gelungen ist, andere auszutricksen oder zu übervorteilen und auf diese Weise einen kräftigen Gewinn zu machen. Die alte Moral funktioniert nicht mehr ausreichend, und deswegen brauchen wir eine neue Ethik. Diese neue Ethik ist in unserem

Herzen angesiedelt, in unserer Seele. Sie basiert auf den tiefsten inneren Werten von uns Menschen, die sich uns erst erschließen, wenn wir unsere Seele wecken und erkennen, welche Wesenseigenschaften, welche Grundmerkmale, welche Grundwerte wir in uns selbst tragen. Sie ist Ausdruck unseres spirituellen Erwachens, der Überschreitung unseres alltäglichen und gewöhnlichen Ich-Bewusstseins und unseres Gefangenseins in unseren Lieblingskonzepten. Sie ist Ausdruck des zutiefst Menschlichen und Überpersönlichen in uns, des Wesens unserer Art.

Ein Verstoß gegen Werte einer solchen Ethik wird in unserem Innersten gespürt und gefühlt. Er kann nicht einfach verdrängt, beiseite geschoben oder abgespalten werden, wie im Umgang mit unserer Moral. Eine solche spirituelle Ethik, das sind wir selbst, das macht uns in unserem Innersten aus. Daher trägt sie auch, wenn uns die äußere Situation oder die persönliche Interessenslage keine moralische Orientierung mehr geben.

David Loy spricht von einem Wandel ethischen Verhaltens von der Moralorientierung zur Erkenntnisorientierung der Nichtgetrenntheit (Loy 1989, S. 426). Solche neuen spirituellen Werte sind beispielsweise Bewusstheit, Achtsamkeit, Authentizität, Integrität, Sinnorientierung, Verbundenheit und globale Verantwortung. Diese neue Ethik steht natürlich nicht im Gegensatz zur alten Moral, sondern vertieft diese, umfasst sie, gibt den alten Werten einen neuen Ort, differenziert zwischen tiefen, grundlegenden Werten, wie zum Beispiel Liebe und Menschenwürde, und eher oberflächlicheren, abgeleiteten Werten, wie zum Beispiel Disziplin oder Ordentlichkeit. Eine solche neue Ethik setzt daher auf allen Ebenen an: beim Einzelnen, bei den Institutionen und Unternehmen und auf der globalen Ebene unseres Zusammenwirkens.

Unternehmer, Kunden und Kapitalgeber

Ein ethisch verankerter Unternehmer riskiert etwas, bringt sein innerstes Anliegen, seine Visionen und seine Mittel zusammen und gestaltet etwas aus der tiefen, inneren Überzeugung heraus, dass dies der Menschheit dient. Selbstverständlich verwirklicht er sich selbst damit, verwirklicht die Bestimmung und die Anliegen seiner Seele, aber auch dies ist, wenn es tief genug verstanden wird, eingebettet in eine Menschheitsverwirklichung, eine Schöpfungsverwirklichung und damit letztlich eine evolutionäre Aktivität.

Ihm gegenüber stehen Kunden, die ebenso wie er ein gutes Leben führen möchten und in ihrem Herzen ihre Werte spüren. Auch die Kunden gestalten ihr Leben und die Welt und sind in diesem Sinne dem Unternehmen gegenüber gleichwertig. Daraus folgt im Grunde eine Art Partnerschaft mit dem Kunden. Der Kunde ist ein respektvoll geachtetes Gegenüber und nicht nur jemand, der einen guten Preis für eine Leistung bezahlt oder gar auf seine Eigenschaft als Geldzahler reduziert wird.

Leider haben sich die meisten Investoren und Kapitalgeber inzwischen selbst darauf reduziert, lediglich eine Vermehrung ihres eingesetzten Kapitals erreichen zu wollen. Sie haben sich weitgehend zu Schätzern der Renditechance im Verhältnis zum eingegangenen Risiko entwickelt. Damit benutzen die Geldgeber das Kapital in eigener Sache. Das tiefere Wesen von Investitionskapital kann aber darin bestehen, dieses für Projekte mit dem Ziel einer Weiterentwicklung der Menschheit zur Verfügung zu stellen. Wenn aus Kapital menschliche Werte verwirklicht werden, gewinnt es wirklich an Wert. Diese Veredelung des Kapitals verfolgt einen anderen Sinn und andere Ziele und kann enorme menschliche kulturelle Schätze erhalten.

Geldgeber müssen lernen, dass sie die Resilienz einer Gesellschaft nicht eigennützig untergraben und aushöhlen können. Sie haben sich den höheren Werten unseres Menschseins unterzuordnen. Dies ist aus der Perspektive eines Fondsmanagers oder privaten Investors natürlich eine große Herausforderung an Perspektivwechsel. Er muss aber letztlich begreifen, dass auch er ein Teil der Menschheit ist. Mit seiner Finanzkraft besitzt er eine enorme Verantwortung, die im Grunde noch größer ist als die des Unternehmers. Denn er muss eigentlich sein Kapital den Unternehmen zur Verfügung stellen, die etwas wirklich Gutes und Wesentliches tun. Er müsste diejenigen Investitionsorte suchen, wo etwas die Evolution Bereicherndes und Veredelndes geschieht und nicht nur eine maximale Steigerung der Rendite im Verhältnis zu einem minimalen Risiko möglich ist. Deswegen brauchen wir ein anderes Bewertungssystem für die Produkte, also andere Preisbildungsprozesse und ein anderes Anreizsystem für die Herstellung von Produkten.

Dieses neue Bewertungssystem für Produkte basiert auf der Beurteilung, was sie für die Menschen wirklich wert sind. Ein solches System könnte sogar parallel zu dem jetzigen Preisbildungssystem bestehen, in dem Angebot und Nachfrage primär die Preise regulieren. Ein solches Bewertungssystem ist im Grunde ein System zur Bewusstseinsbildung, in dem der innere Wert eines Produkts oder einer Leistung, sein Wert für das Leben, wahrgenommen und finanziell bewertet wird. Es geht also darum, die Scheu aufzugeben, für wesentliche menschliche Werte Geld zu verlangen oder diese mit Geld anzuerkennen. Dafür brauchen wir ständige Gespräche und einen gesellschaftlichen Austausch darüber, was uns die Produkte und Leistungen wirklich wert sind. Als Kunden müssen wir uns also informieren; wir müssen lernen, Qualität zu erkennen, Oberflächlichkeit von Tiefe zu unterscheiden, Wesentliches von Unwesentlichem zu differenzieren.

In diesem Sinne müssen wir als Kunden aufwachen, um uns nicht täuschen zu lassen und zu erkennen, was für uns als Menschen wirklich wertvoll ist. Dies wird aber nur möglich sein, wenn wir uns als Kunden mit unserer Gier auseinandersetzen, in der wir möglichst viel für möglichst wenig Geld bekommen wollen. Denn es geht eher darum, viel an Lebensqualität oder Erfüllung für das angemessene Geld zu erhalten. Bezahlung wäre dann eine Anerkennung des erhaltenen Wertes. Wir müssten lernen, so viel zu bezahlen, wie uns etwas wert ist.

Der Preisbildungsprozess wäre demnach eine Art Wertschätzungsprozess. Wir signalisieren damit, dass wir den Wert dieses Produktes eben mit jenem Preis schätzen, im doppelten Sinne des Wortes, nämlich im finanziellen Sinne und im Sinne der Wertschätzung, der Liebe, der Achtung. Mit dem in diesem Sinne aufgewachten und mündigen Kunden könnten wir die Marktdynamik wirken lassen. Wir werden dann sicherlich bereit sein, für Qualität und Menschlichkeit mehr und weniger für Massenprodukte und oberflächlichen Kitsch zu bezahlen.

Und wenn wir Geld anlegen, dann können wir unser Kapital auch dort investieren, wo seriös gearbeitet wird, wo Wesentliches geschieht, wo menschliche Werte geschaffen werden und nicht dort, wo lediglich eine maximale Steigerung der Rendite im Verhältnis zu einem minimalen Risiko möglich ist – gerade wenn es auf Kosten der Mitarbeiter eines solchen Unternehmens oder der sozialen oder ökologischen Umwelt geschieht. Es geht also darum, die verrohende Dynamik, die durch den billigsten Preis und den maximalen Gewinn bestimmt wird, in einen größeren und weiteren Kontext der Bewertung zu stellen.

Diese neue Wertschätzung ist somit komplexer. Sie besitzt zusätzliche Kriterien und ist bezogen auf unsere inneren Werte, lebt also im Einklang mit unserer Seele. Diese neue Wertschätzung ist Teil unseres bisherigen Finanzsystems und verändert es zugleich. Das traditionelle Geldsystem war noch dadurch gekennzeichnet, dass dem Geld etwas Dingliches gegenüberstand, zum Beispiel eine Ware oder ein wertvoller Rohstoff, wie eben Gold. An den modernen Finanzmärkten werden nun nicht mehr nur Waren gehandelt oder Anteile an tatsächlich existierenden Unternehmen, sondern häufig werden nur noch Finanzprodukte gehandelt.

Der Handel dieses »virtuellen Geldes« übersteigt inzwischen um ein Vielfaches das Volumen des Handels mit irgendeinem konkreten Hintergrund. Auch dieses System des Handels mit virtuellen Finanzprodukten ist Teil unseres Finanzsystems und hat dieses fundamental verändert. Hier haben sich neue Regeln entwickelt, die sich auf Wahrscheinlichkeitsschätzungen und auf Spekulationen über das Anlegerverhalten gründen. Die Börse folgt mehr den Gesetzen einer Massenpsychologie als denen einer seriösen Vernunft. Und so ist es nicht verwunderlich, wenn sich neue Finanzsysteme entwickeln, die andere Regeln für den Kapitalverkehr formulieren. Wir meinen damit die Komplementär- und Regionalwährungen, die den Anreiz zu persönlicher Bereicherung vermindern und stattdessen soziale und regional förderliche Komponenten einbeziehen.

Komplementäre Systeme besitzen den Charme, konventionelle Systeme sichtbar zu machen und uns seine bis dahin unbewussten Mechanismen aufzuzeigen. Die Komplementärmedizin hat uns die Struktur der Schulmedizin aufgezeigt, sowohl ihre Stärken als auch ihre Schwächen. Ebenso können uns komplementäre Währungssysteme die Stärken und Schwächen des konventionellen Systems aufzeigen, und wir können mit einer größeren Bewusstheit unsere gegenwärtigen Finanzstrukturen begreifen und weiterentwickeln. Ein neuer Umgang mit Geld und Kapital integriert also das traditionelle Geldsystem und das virtuelle Geld der Finanzmärkte mit der beschriebenen neuen Wertschätzung und den komplementären Währungssystemen.

Resilienz als Erfordernis für eine nachhaltige Entwicklung

Aber nicht nur Investoren und Unternehmenslenker sollten umdenken lernen – wir alle, jeder an seinem Platz – tragen die gleiche Verantwortung, die Ressourcen des Lebens zu erhalten. Das fällt uns aber immens schwer. Wir Erdenbürger neigen zur hemmungslosen Ausbeutung von Rohstoffen, die uns das Ökosystem zur Verfügung stellt. Unser kollektives Vorgehen im Äußeren, bestehende Ressourcen ohne jegliches Verständnis für Nachhaltigkeit auszunutzen, lässt sich auf unseren Umgang mit physischen und psychischen Energiequellen übertragen. Solange wir keine direkten Konsequenzen unseres Handelns spüren, fällt es uns extrem schwer, destruktive Verhaltensweisen umzustellen.

Hier eine Nachricht vom 20.08.2013 von Wolfgang Stuflesser aus dem ARD-Hörfunkstudio Los Angeles:

> *»Ab heute leben wir auf Pump! heißt die Botschaft von Umweltaktivisten. Sie errechneten den 20. August 2013 als Tag, an dem die Menschheit so viel natürliche Ressourcen verbraucht hat, wie die Welt in einem Jahr regenerieren kann. Es ist wie beim Kontoauszug: Da gibt es Einnahmen und Ausgaben. Und wer mehr ausgibt, als er einnimmt, der rutscht in die roten Zahlen, in die Schulden.*
>
> *Und genau da sind wir mit der Welt ab heute. Das sagen zumindest die Umweltaktivisten vom Global Footprint Network. Sie berechnen dafür den sogenannten ökologischen Fußabdruck der Menschheit. Um unseren Verbrauch an Nahrungsmitteln und Energie zu decken, braucht es Acker- und Weideland, Fischgründe und Wälder. Was geerntet und gefangen wird, wächst normalerweise auch wieder nach. Normalerweise. Denn seit Mitte der 1980er-Jahre schon lebt die Menschheit über ihre Verhältnisse, verbraucht also mehr als nachwächst oder sich regeneriert.*

Um es mit dem Kontovergleich zu sagen: Um unsere Schulden zu bezahlen, müssen wir an die Ersparnisse der Erde ran. Wälder schrumpfen, Arten sterben aus, Ökosysteme kollabieren. Rechnet man den weltweiten Ressourcenbedarf nun auf ein Jahr um, dann gibt es irgendwann den Tag, an dem wir das Angebot verbraucht haben – und das Jahr ist noch nicht zu Ende. Zur Zeit liegen wir nach den Berechnungen des Global Footprint Network bei 1,5 Erden, die nötig wären, um unseren jährlichen Bedarf zu decken, ohne dass die Erde Schaden nimmt. Und das ist nur ein Durchschnittswert.

Wenn jeder so leben würde wie die Europäer, bräuchte man demnach drei Erden, bei den Amerikanern sind es sogar fünf. Ob der Earth Overshoot Day daran etwas ändert, ist fraglich. Der Schweizer Mathis Wackernagel, Gründer des Global Footprint Network, macht sich da wenig Hoffnung: Selbst wenn man die vorsichtigen Schätzungen der Vereinten Nationen zu Grundlage lege, sei klar, dass die Menschheit 2050 im Jahr doppelt so viel Ressourcen verbraucht, wie die Erde wiederherstellen kann.«

Im März 2012 traf sich eine Gruppe von 47 Wissenschaftlern, Verbänden, Unternehmen und Medien in Wildbad Kreuth, um zu erarbeiten, ob und wie die Resilienztheorie geeignet ist, globale Nachhaltigkeit zu fördern. Diese Gruppe kam zu folgenden vorrangigen Empfehlungen:

- Die Resilienztheorie kann durchaus eine solide Basis für die Entwicklung leistungsfähiger Strategien für eine nachhaltige Entwicklung darstellen. Um das System Erde resilient zu erhalten, müssen die Bemühungen dahin gehen, seine selbstregulative Kapazität zu bewahren.
- Soziale und wirtschaftliche Resilienz sollte durch stabile Entscheidungen in Resonanz mit den globalen Veränderungen gestärkt werden.
- Die anthropozäne Periode drückt sich vorwiegend in der Triade der drei großen Subsysteme Natur, Gesellschaft und Wirt-

schaft aus. Die Resilienz dieser Triade wird als die wichtigste Voraussetzung für eine nachhaltige Entwicklung und deren Dauerhaftigkeit betrachtet.

- Um die autoregulative Kapazität dieser Triade zu fördern, ist es von entscheidender Bedeutung, ihre Fähigkeit zu stärken, sich kontinuierlich zu verändern und sich an die ständig ändernden ortsspezifischen äußeren Bedingungen anzupassen. Die bloße Erhaltung des Status quo muss durch eine kontinuierliche Neuorientierung der Triade ersetzt werden.
- Da die standortspezifischen Bedingungen, Möglichkeiten und Grenzen variieren, wird eine Mischung aus lokalen, regionalen, globalen, zentralen und dezentralen Ansätzen zu mehr Resilienz und Nachhaltigkeit denen vorgezogen, die lediglich auf globale Steuerung ausgerichtet sind.
- Die bestehenden Energiestrategien sollten auf eine Vielzahl von Energiequellen und Technologien umgestellt und damit die Energiesysteme an lokale Bedingungen und dezentralisierende Energiegewinnung angepasst werden.
- Die Verletzlichkeit komplexer gesellschaftlicher Systeme (Ballungsräume, Kommunikations- und Mobilitäts-Infrastrukturen, Industriegesellschaften) durch den Klimawandel muss besser verstanden werden. Es reicht nicht aus, sich bei der Abschätzung dieser Verletzlichkeit vorwiegend auf die Statistik des nationalen Bruttoinlandsproduktes pro Kopf zu stützen.
- Die Resilienz der Wälder in den tropischen und nördlichen Klimazonen darf nicht nur nach ihrer Kapazität als Kohlenstoffspeicher bewertet werden, sondern auch nach ihrer Fähigkeit, den globalen Wasserkreislauf zu regulieren.
- Wasser, Energie, natürliche Ressourcen, landwirtschaftliche Flächen, Wälder und Feuchtgebiete müssen als lebensnotwendige Gemeinschaftsgüter betrachtet und als solche behandelt werden.
- Moderne Technologien sind wichtige anthropogene Mittel zum Erhalt von Resilienz. Jedoch müssen die darauf basieren-

den Sanierungs- und Kontrollsysteme selbst resilient ausgelegt sein. Beim Einsatz von Technologien zur Stärkung terrestrischer und mariner Ökosysteme müssen Rebound-Effekte in Betracht gezogen werden.

- Die Bemühungen um die Resilienz der ökosozialen Triade müssen bereits in den frühesten Stadien der Entscheidungsfindung kommuniziert werden. Nur so kann ein Konsens darüber erreicht werden, dass die vorgeschlagenen Strategien dem speziellen Interesse der jeweiligen Region, ihrer Bewohner und dem natürlichen Umfeld dienen.
- Um die Komplexität der relevanten ökosozialen Systeme innerhalb unserer Gesellschaften besser verstehen und damit umgehen zu können, sind neue inter- und transdisziplinäre Ansätze und Methoden erforderlich. Das Wissen über qualitative und quantitative dynamische Netzwerkmodelle und die Analyse von Mensch-Umwelt-Systemen muss erweitert werden, um so Ansatzpunkte für effektive Interventionen zu finden und diese Einsichten in die Praxis zu übertragen.

Wir brauchen offensichtlich auch ein politisches Handeln auf den vielfältigen Ebenen, das die Größe und Tiefe des Resilienz-Begriffs beachtet und nutzt.

Wirtschaft und Zivilgesellschaft

Letztendlich geht es also nicht nur um unsere Wirtschaft, sondern es geht um die körperliche, geistig-seelische und soziale Entwicklung unserer Gesellschaft, um unser Zusammenleben, unser Lebensglück und die Entfaltung unserer Potenziale als Menschheit.

Nicanor Perlas (2000) sieht die gesamte gesellschaftliche Ordnung aus drei Bereichen gebildet:

- der Zivilgesellschaft – im Sinne der Kultur
- des Marktes – im Sinne der Wirtschaft
- des Staates – im Sinne der Politik

Jeder Bereich hat aus seiner Sicht seine eigene Aufgabe in der Gesellschaft und seine eigene Autonomie. Alle Bereiche beeinflussen sich jedoch gegenseitig und überschneiden sich teilweise. Alle Bereiche sind gegenwärtig von einer gravierenden Krise betroffen, nicht nur die Wirtschaft von der Finanzkrise, sondern auch die Politik in ihrer Glaubwürdigkeitskrise und die Kultur in ihrer Orientierungskrise. Wir befinden uns also inmitten einer fundamentalen Bewusstseinskrise, die alle Sektoren der Gesellschaft durchdringt und die sich eben auch in dem ungeheuren Ausmaß psychosozialer Belastungen und Störungen ausdrückt. Letztlich werden Veränderungen in einem Sektor allein nicht ausreichen, sondern wir müssen kooperieren.

Im Folgenden wollen wir an zwei Kooperationsbeispielen aufzeigen, wie durch unterschiedliche Ansatzpunkte eine gesellschaftliche Veränderung zu mehr gesellschaftlicher Resilienz stattfinden kann.

Resilienz stößt gesellschaftliche Dialoge an

Gerade das Ausmaß an zunehmender Erschöpfung schafft den Bedarf und eine neue Offenheit, miteinander ins Gespräch zu kommen. Wobei der Blickpunkt der Resilienz sich immer positiv an den Ressourcen und Möglichkeiten ausrichtet, statt sich an der Bekundung von Mängeln und Problemen aufzuhalten. Resilienz ruft auf, neue Denk- und Handlungsräume zu betreten – das verlangt Mut und Abenteuergeist.

Durch das unglaubliche Wirtschaftswachstum und die Stabilität der letzten Jahrzehnte haben wir Deutschen uns an Wohlstand gewöhnt und eine gehörige Anspruchshaltung entwickelt, wie die Dinge zu laufen haben. Dieses Bild wird im Moment kräftig geschüttelt. Viele Menschen werden dazu gezwungen, ihre bisherige Komfortzone zu verlassen und sich auf ein neues, nicht unbedingt vielversprechendes Terrain einzulassen. Diese Erfahrung löst immense Unsicherheiten und Ängste, Widerstand, Zorn und Abwehrstrategien auf den Plan – aber auch Offenheit, Neugierde, Ideenreichtum und Hingabe, sich einer neuen Lebensrealität zu stellen.

Zunehmende Überforderung, mit all den bisher beschriebenen Folgen, erlebten noch vor einem Jahrzehnt Mitarbeiter besonderer Branchen, wie Pflegekräfte oder Lehrer. Heute ist das Phänomen der persönlichen Überlastung ein flächendeckendes Thema geworden, quer durch alle Berufsbilder, quer durch alle Altersgruppen und alle Hierarchiestufen einer Organisation hindurch. Wer einer bunt gemischten Gruppe von Unternehmensvertretern eine Stunde lang in Ruhe zuhört, dem wird sehr schnell klar, dass wir nicht über ein persönliches Problem der individuellen Stressbewältigung oder von einer speziellen, branchenspezifischen Ausnahmesituation sprechen, die sich mit ein wenig Anstrengung beheben lässt. Nein, wir sprechen über ein gesamtgesellschaftliches Thema, das in seinem Ausmaß und seinen möglichen Folgen von uns noch gar nicht erfasst wird.

Mensch, Wirtschaft und Gesellschaft – diese drei Aspekte können wir in unserer Betrachtung der zukunftsorientierten Resilienzförderung nicht voneinander trennen, denn ihre Verflechtung begegnet uns im Gespräch mit einzelnen Personen oder ganzen Organisationen täglich. Selbst in nur kurzen Austauschrunden bei offenen Vorträgen kommen diese verschiedenen Einflussfaktoren in ihrer vielfältigen Verflechtung sofort zur Sprache.

In welcher Atmosphäre können in unserer Gesellschaft Kleinkinder betreut und im besten Fall mit viel Liebe und Selbstvertrauen umgeben werden? Wie werden Kinder und Jugendliche in den

Schulen auf die Herausforderungen von morgen vorbereitet? Wie erleben Menschen in der Arbeitswelt ihre Möglichkeiten, sich zu entwickeln und einen sinnvollen Platz innerhalb der Gesellschaft einzunehmen?

Wie werden Kranke, Behinderte oder alte Menschen gepflegt und begleitet? In welchem gesellschaftlichen Rahmen bewegen wir uns im Moment, um unsere Lebensgrundlage zu sichern, eine Familie aufzubauen, privat und beruflich Erfolg und Erfüllung zu erleben, Werte zu definieren und umzusetzen, ein sinnvolles Leben zu gestalten? Können wir den Wohlstand, in dem wir leben, genießen und nutzen?

Es gibt kaum noch einen Bereich, der nicht von Arbeitsverdichtung, steigenden Zielerwartungen, komplexeren Prozessabläufen, mangelnden Ressourcen und vielem anderem mehr berührt wird. Es geht bei den Kindergärtnerinnen los, die mit wenig Verdienst unter schwierigen Rahmenbedingungen eine für die Gesellschaft so wichtige Erziehungsarbeit auszuführen haben. Kinder und Jugendliche stehen schon in jungen Jahren unter enormem Leistungsdruck und daraus resultieren zunehmend Prüfungsschwierigkeiten, Blockaden und Lernschwierigkeiten. Viele Lehrer (und Eltern) stehen selbst ständig unter Strom und können an dieser Stelle kein authentisches Vorbild für Gelassenheit und souveränen Umgang mit Stress abgeben.

Die Beschreibungen der persönlichen oder gemeinschaftlichen »Hamsterräder« ähneln sich, ob es um die Universität geht, Verwaltung, Industrie, Dienstleistung, Handwerk, Gesundheitswesen, Finanzbranche und so weiter. Und der Bogen schließt mit den Erzählungen aus der Pflegebranche. Hier eine ausführliche Beschreibung von Christa M. Richard; sie ist Geschäftsführerin einer großen Pflegeeinrichtung in Hessen:

Welches Gegengewicht gibt es gegen die krankmachenden Faktoren in der Pflegebranche?

Nur Atomkraftwerke ...

... müssen sich in Deutschland häufigeren und strengeren Prüfungen unterziehen als Pflegeeinrichtungen. Dies ist zumindest die Wahrnehmung von vielen Heimleitungen. Das öffentliche Ansehen der Pflegebranche ist geprägt von Misstrauen und Unterstellungen. Regel- und anlassbezogene Prüfungen erfolgen durch die Pflege- und Betreuungsaufsicht, das Brandschutzamt, die Gewerbeaufsicht, das Gesundheitsamt, das Amt für Strahlen- und Arbeitsschutz und der Berufsgenossenschaft, um nur einen Auszug der zuständigen Behörden zu nennen. Auch Steuerprüfer, Sozialversicherungs- und Wirtschaftsprüfer müssen natürlich nach dem Rechten sehen, und interne sowie externe Qualitätsaudits haben ebenso ihre Existenzberechtigung. Die Mitarbeitenden von Pflegeeinrichtungen befinden sich in einem ständigen Rechtfertigungszwang. Die Kosten, die in diesem Zusammenhang aufgewendet werden müssen, sind enorm. Die Überzeugung mancher Politiker, dass weitere und noch strengere Überprüfungen zu einer höheren Qualität führen, ist ein Trugschluss.

Der mehrere hundert Punkte umfassende Prüfkatalog des medizinischen Dienstes der Krankenkassen, der in jeder Pflegeeinrichtung jedes Jahr abgearbeitet wird und in einen Transparenzbericht mündet, rundet das gezeichnete Bild des Prüfwahns noch ab. Und Achtung, dies ist kein Witz: Die Länderkommission der nationalen Stelle zur Verhütung von Folter will nun auch stichprobenartige Kontrollen in Alten- und Pflegeeinrichtungen, zum Beispiel mit beschützenden Wohnbereichen für Demenzkranke, durchführen. Pflegeeinrichtungen werden demnach als potenzielle Folterstätten eingestuft. In der Fortsetzung dieses Gedankens würden dann aus Pflegekräften konsequenterweise Folterknechte. Wen wundert es, wenn die Pflegebranche bei diesem in der Öffentlichkeit gezeichneten Bild Nachwuchssorgen hat?

Wie steht es denn generell in unserer Gesellschaft mit der Wertschätzung und Anerkennung für die Tätigkeiten von Pflegekräften? Gewiss, eine gewisse Dankbarkeit ist wohl vorhanden, dass es Menschen gibt, die diese vermeintlich unangenehme Pflegeaufgabe erledigen. In diese Dankbarkeit mischt sich auch ein Anteil an Erleichterung, diese Last auf jemand anderen übertragen zu können, aber oftmals auch ein Gefühl der Herablassung. Es sind ja etwa zur Hälfte ungelernte Kräfte, die in der Pflege tätig sind und absolut keine Qualifikation für ihre Arbeit am Menschen nachweisen müssen. Worauf soll hier die professionelle Anerkennung fußen? Aber auch die examinierte Pflegefachkraft kann eher auf Mitleid als auf Bewunderung hoffen, wenn sie im privaten Kreis ihre Berufstätigkeit benennt.

Die Pflegebranche hebt sich durch hohe krankheitsbedingte Fehltage hervor. Weit müssen wir nicht schauen, wenn wir die Ursache für die Ausfallzeiten suchen. Es ist nicht zuletzt ein krankes System, das zu Krankheiten bei den Mitarbeitenden führt. Für einen unbeteiligten Betrachter ist es schwer zu verstehen, dass ein perfekt gepflegter, glücklicher Bewohner bei einer externen Prüfung durch den medizinischen Dienst oder die Pflegeaufsicht einen Mangel(!) darstellt, wenn nicht prozesshaft schriftlich dokumentiert ist, was genau dazu geführt hat, dass es dem Menschen so gut geht! Jedes Zähneputzen, jeder Toilettengang, jede Essensaufnahme, jede Ausscheidung und so weiter muss erfasst werden. Und das beansprucht viel Zeit. Leider wird in dem Dokumentationssystem nicht abgefragt, wie oft einem Bewohner liebevoll die Wange gestreichelt wurde und wie viele tröstende Worte, wie viel aufmunternden Zuspruch er erhalten hat. Wie aussagefähig ist diese Form von Dokumentation, die von vielen Pflegemitarbeitern als unnötige Bürokratie und sinnlose Aufgabe wahrgenommen wird?

Insbesondere unter den Pflegehelfern gibt es viele, die mit »Bürokram nichts am Hut« und sich bei ihrer Berufswahl bewusst für eine praktische Tätigkeit entschieden haben. Sie sind enttäuscht, dass sie ihren Dienst am Menschen zugunsten der Bürokratie vernachlässigen sollen. Ihre Unbeholfenheit und Ungeübtheit am Computer aufgrund von mangelnden EDV-Kenntnissen führt oftmals zu einem Gefühl der Frustration, ihre Aufgaben nicht adäquat erfüllen zu können, und erhöhen den ohnehin vorhandenen Zeit- und Leistungsdruck. Der häufige krankheitsbedingte Ausfall von Kollegen verursacht eine mangelnde Verlässlichkeit im Hinblick auf die geplanten arbeitsfreien Tage im Schichtdienst; dies resultiert in Überforderung und Erschöpfung und führt in der Konsequenz zur Erkrankung der überarbeiteten Kollegin, was wiederum den Teufelskreis fortsetzt. Die schwierige Situation am Arbeitsplatz wird nicht selten verstärkt durch ein belastetes privates Umfeld, etwa mit Geldsorgen oder zu pflegenden Familienmitgliedern.

Ständig neue Anforderungen, die als professionsfremd empfunden werden, entwickeln sich zur Dauerbelastung. Aber auch mancher Familienangehörige eines Bewohners erwartet, dass das Pflegepersonal alles kompensiert, was er oder sie selbst nicht erfüllen kann oder will. Bei diesen hohen und auch unrealistischen Erwartungen von Angehörigen fällt es dem Pflegepersonal schwer, sich abzugrenzen.

Man kann den Pflegekräften wohl eine hohe Leidensfähigkeit bescheinigen. Erschreckend ist der Gedanke, dass es vielleicht auch manche Mitarbeiter gibt, die die Bedeutung ihrer Arbeit dadurch aufgewertet sehen, dass sie unter Leiden erbracht wird. »Je größer das gebrachte Opfer, umso größer ist die Leistung einzustufen« – das wäre hier die traurige Schlussfolgerung.

Was kann uns aus dieser krankmachenden Misere heraushelfen? Die Veränderung von gesetzlichen und finanziellen Rahmenbedingungen ist ein zäher politischer Prozess, der gewiss auch vorangetrieben werden muss. Parallel dazu ist es aber für die Pflegebranche überlebensnotwendig, Hilfe zur Selbsthilfe zu betreiben. Die Mitarbeitenden müssen die notwendige Stärkung erfahren, um den vielfältigen körperlichen und psychischen Belastungen standhalten zu können. Alle Betreiber und Führungskräfte von Pflegeeinrichtungen sind aufgerufen, erstens eine Kultur der Anerkennung und Wertschätzung in ihren Organisationen zu implementieren und zu pflegen sowie zweitens Resilienzförderung zu betreiben. Konkret heißt das, den Mitarbeitenden leicht umsetzbare Techniken und Übungen an die Hand zu geben, wie sie sich mit geeigneten Mitteln selbst um ihre seelische Gesundheit kümmern und jeden Tag neue Kraft für ihre wertvolle, menschlich sehr erfüllende Arbeit tanken können.

Dieser Bericht ist ein gutes Beispiel dafür, wie sich unterschiedlichste Einflussfaktoren miteinander verdichten und eine schier undurchdringliche Gemengelage bilden, die auf jede Person ähnlich und gleichzeitig individuell einwirken: Es geht um politische und rechtliche Auflagen, um Maßgaben der Krankenkassen, um branchenspezifische Rahmenbedingungen, um die Managementleistung der Geschäftsführung solch einer Einrichtung, um Unternehmens- und Führungskultur, um Strukturen und Prozesse, um die jeweilige Stimmungslage der Patienten und Angehörigen, und nicht zuletzt um die Steuerungsfähigkeit jeder einzelnen Person.

Diese verschiedenen Faktoren bilden ein Gemisch aus individuell veränderbaren und unveränderbaren Parametern. Und so liegt der Schluss nahe, sich zunächst mit der Resilienzförderung der einzelnen Personen zu beschäftigen.

Dies ist zunächst ein guter Anfang, aber die Betrachtung und der Bewusstwerdungsprozess für mögliche Handlungsspielräume muss aus unserer Sicht auf die ganze Organisation und im nächsten Schritt auch auf Politik und Gesellschaft übertragen werden. Gerade in den Sozialberufen herrscht ein sehr hoher Bedarf an Weiterbildung, gleichzeitig steht kaum Budget für solche Maßnahmen zur Verfügung. So gilt es, innovative Blickpunkte für Lösungen zu gewinnen und umzusetzen. Im Moment begleiten wir im Altenpflegebereich ein Pilotprojekt, das vom Hessischen Wirtschaftsministerium und dem Europäischen Sozialfonds gefördert wird.

Das Projekt REA – Resilienzförderung in der Altenhilfe

Das Weiterbildungsprojekt REA richtet sich an Beschäftigte in Altenhilfeeinrichtungen. Ziel ist es, die Teilnehmenden zu Resilienzcoaches zu qualifizieren, um in ihren jeweiligen Einrichtungen resilienzfördernde Maßnahmen durchzuführen und auf diese Weise die Widerstandskraft und Bewältigungsfähigkeiten der Mitarbeitenden zu stärken und zu verbessern.

Ausgangsituation und Ziele

Stress, Zeitdruck, hohe komplexe Anforderungen sowie große physische und psychische Belastungen aufgrund von Arbeitsverdichtungen und zu kompensierenden hohen Krankheitsausfallzeiten kennzeichnen immer häufiger den Berufsalltag in Altenhilfeeinrichtungen. Im Zuge des sich bereits jetzt abzeichnenden Fachkräftemangels infolge des demografischen Wandels ist sogar mit einer weiteren Zuspitzung der Arbeitssituation zu rechnen.

Vor diesem Hintergrund zielt das Projektvorhaben primär darauf ab, die Arbeitszufriedenheit und Gesundheit der Beschäftigten durch eine Stärkung und Verbesserung ihrer Widerstandskraft und Bewältigungsfähigkeiten zu fördern, indem durch hierfür ausgebildete Coaches auf die jeweiligen Beschäftigten sowie Einrichtungen vor Ort zugeschnittene Resilienzprojekte installiert. So sollen die Teilnehmenden im Rahmen der Weiterbildung in die Lage versetzt werden, ihrerseits in ihren jeweiligen Altenhilfeeinrichtungen resilienzfördernde Maßnahmen durchzuführen und durch Wiederholungen sowie realitätsorientierte Modifikationen/Abgleichungen der erlernten Inhalte zur Implementierung einer innerbetrieblichen Resilienzkultur beizutragen.

Projektförderung

Das Projekt Resilienzförderung in der Altenhilfe wird als innovatives Weiterbildungsprodukt aus Mitteln des Europäischen Sozialfonds und des

Wirtschaftsministeriums des Landes Hessen gefördert. Die Förderung durch den Europäischen Sozialfonds ermöglicht eine kostenfreie Teilnahme an der Weiterbildung zum Resilienzcoach.

Die Ausbildung ist in fünf Modulen mit jeweils vier Tagen konzipiert und zielt auf die Förderung individueller und einrichtungsbezogener Resilienz. Im ersten Modul ist neben dem Ausbildungsteilnehmer auch der jeweilige Einrichtungsleiter mit dabei, um gemeinsam ein realistisch umsetzbares, praxisnahes Resilienzprojekt zu definieren. Dies wird im Lauf der Module entwickelt, in den jeweiligen Organisationen implementiert und kontinuierlich evaluiert. Im letzten Modul werden gemeinsam die bisherigen Erfolge und Nutzen dargelegt und zu weiteren Projektschritten geführt.

Die verschiedenen Einrichtungen können dabei ihre Erfahrungswerte austauschen und abgleichen. Wir hoffen, dass daraus ein aktives Lernfeld in der Altenpflege erwachsen kann, dass zum einen nach innen in die Organisationen hineinwirkt, aber auch nach außen in Richtung Politik, Krankenkassen, Verwaltung und Gesellschaft Impulse setzen kann. Bei Erfolg kann diese Vorgehensweise auf andere Sozialeinrichtungen übertragen werden.

Inspiration zu kommunalen Resilienznetzen

Neben brancheninternen Resilienzprojekten interessiert uns auch die Förderung von kommunalen, berufsübergreifenden Initiativen.

Alle Betroffenen leisten ihren Beitrag

Zu einem Vortrag bei der AOK Direktion in Freising kamen Vertreter aus kleinen und großen Unternehmen, aus Wirtschaft und Sozialbranche, sowie Vertreter von Banken, Krankenhäusern und der Kommunalpolitik.

Nachdem in einer offenen Diskussionsrunde ein gemeinsamer Bedarf an resilienzfördernden Maßnahmen erkannt wurde, konnte in Kooperation mit der AOK ein gemeinsames Training in Gang gesetzt werden.

Die Krankenkasse stellt die Räume und die Organisation zur Verfügung, Wirtschaftsunternehmen zahlen den vollen Preis für die Schulungsmaßnahme, Sozialunternehmen oder private Teilnehmer den halben Preis. Das Training findet jeweils von Donnerstagnachmittag bis Samstagabend statt. Das bedeutet: Der entsandte Mitarbeiter bringt einen Abend und den Samstag als Zeitressource selbst mit ein. Durch das kommunale Angebot entstehen weder Reise- noch Übernachtungskosten, die Maßnahme kann also sehr günstig angeboten beziehungsweise wahrgenommen werden. Das Programm wird im Moment auf verschiedene Zielgruppen ausgeweitet; ein spezielles Training widmet sich auch Azubis und Berufseinsteigern.

Darüber hinaus regen wir zu Patenschaften an. Wie schon dargestellt, existiert in den pflegenden, erziehenden oder lehrenden Branchen oft nur ein kleines Budget für Fortbildung, und sie brauchen dringend Unterstützung. Wir möchten aktiv zu solch einem gesellschaftlichen Schulterschluss anregen. In kommunalen Pilotprojekten haben wir erleben dürfen, welch besonderer Gewinn in einer gemischten Lerngruppe von Teilnehmern aus Wirtschafts- und Sozialunternehmen liegen kann. Wir greifen jede Idee auf, um solche Netzwerke mitzuinitiieren und in ihrer kreativen Entwicklung zu unterstützen.

Im nächsten Schritt widmen wir uns dem Thema Resiliente Kommune und arbeiten an dieser Stelle mit kommunalen Verwaltungen, Ministerien und Krankenkassen zusammen. Natürlich dauert es Zeit, solche Netzwerke zusammenzubringen und ein konstruktives Miteinander zu initiieren. Der gemeinsame Gewinn sowohl auf persönlicher als auch auf beruflicher Ebene wird allerdings schnell spürbar – und dann setzt eine eigene Dynamik ein. Wer lernt, Krisen zu bewältigen, findet Glück.

Gesellschaftliche Resilienz als gesellschaftliches Glück

Professor Dr. Karl-Heinz Ruckriegel aus Nürnberg beschäftigt sich seit vielen Jahren mit der Frage, inwieweit Wohlbefinden und Glück nicht nur individuell gemessen und entwickelt werden kann, sondern auch gesellschaftlich. Er fasst die Ergebnisse der interdisziplinären Glücksforschung so zusammen, dass folgende Faktoren als Quelle des subjektiven Wohlbefindens identifiziert wurden (2013, S. 133):

- gelingende und liebevolle soziale Beziehungen
- physische und psychische Gesundheit
- Engagement und befriedigende Erwerbs- oder Nicht-Erwerbsarbeit
- persönliche Freiheit
- innere Haltung, wie beispielsweise Dankbarkeit, Optimismus, Spiritualität, Sinnerleben
- Befriedigung der materiellen Grundbedürfnisse und finanzielle Sicherheit.

Studien (Ruckriegel 2013) zur subjektiven Lebensqualität zeigen, dass die allgemeine Lebenszufriedenheit in Deutschland zwischen 1984 und 2004 von 7,4 (auf einer Skala von 0 bis 10) abgenommen hat auf etwas unter 7 und seitdem wieder leicht zugenommen hat auf etwas über 7.

Am höchsten ist der Index nach Umfragen der OECD im Übrigen in Dänemark (fast 8 im Jahr 2010). Der Hauptgrund für die guten Werte in Dänemark und in skandinavischen Ländern wird mit dem gesellschaftlichen Vertrauen, der geringen Einkommensungleichheit und einer eher positiven Sichtweise des täglichen Lebens zurückgeführt. Dabei ist interessant, dass die Steigerung des Realeinkommens über einen Wert von etwa 20 000 US-Dollar nicht mehr wesentlich zu einer Steigerung der Lebenszufriedenheit führt. Das Ziel der Gesellschaften, kontinuierliches Wachstum des Bruttoinlandprodukts zu erreichen, führt also nicht zu einer glücklicheren Gesellschaft. Dafür bedarf es neuerer Strategien, die zunächst einmal ins Licht der politischen Aufmerksamkeit rücken müssen. Auf Antrag Bhutans forderte im Jahr 2011 die UN-Generalversammlung alle Länder auf, Glück und Wohlergehen künftig auch als explizites Ziel ihres politischen Wirkens zu verfolgen.

Doch was sind die Kriterien und was ist der Weg? Wir benötigen ein gesellschaftliches Gespräch über unsere Stärken und Schwächen, unsere wesentlichen Werte und unsere Lebensziele: individuell, für unsere Beziehungen, für unsere Organisationen, für unsere Gesellschaft, letztendlich für unsere globale Kultur. Resilienzentwicklung setzt überall an. Sie vermittelt uns grundlegende Kompetenzen für unser Leben und unsere Zukunft.

Ausklang

Präsenz und Offenheit
Persönlicher Abschluss von Sylvia Kéré Wellensiek

Die Idee der Resilienz, bewusst mit sich selbst und dem Leben umzugehen, ist für mich ein kraftvoller Türöffner, um mit vielen, unterschiedlichen Menschen ins Gespräch zu kommen. Die meisten dieser Begegnungen verbindet Offenheit, Interesse, Ehrlichkeit, Tiefgang ... und das allein ist mir sehr kostbar geworden. Ein offener Austausch, in dem man sich Zeit nimmt zuzuhören und gemeinsam Dingen auf den Grund geht, verändert Haltungen, Einstellungen, Blickpunkte und bringt Menschen zusammen. Offenes, präsentes Zuhören kann entlasten: oft bemerkt man, dass man mit seinen Alltagsgewichten nicht allein dasteht, sondern viel Ähnlichkeiten zu den Geschichten anderer bestehen. Offener, präsenter Austausch kann Gemeinsamkeiten und Verständnis eröffnen, gute Ideen ins Rollen bringen, Verbindungen schaffen und Energien freisetzen. Wenn dies gelingt, hat das Thema allein an dieser Stelle schon seinen Dienst erfüllt ... und baut eine Brücke zu der unerschöpflichen Vielfalt der menschlichen Dialog- und Innovationsfähigkeit.

Darüber hinaus erscheint mir Resilienz – die Summe von innerer Kraft, Ruhe, Überblick, Stabilität, Gelassenheit, Selbstvertrauen, Selbstbewusstheit, Lebensfreude, Dankbarkeit, Ideenreichtum und Abenteuergeist – als ein Erfahrungswissen, das sich uns durch das Leben an sich vermittelt. Wer wach und reflektiert seine Tage erlebt, wird mit der Zeit weiser und reifer. Auch wenn wir uns manches Mal dagegen wehren, führt im Grunde kein Weg daran vorbei. So klug ist die Schule des Lebens aufgebaut, auch wenn sie uns immer wieder ordentlich zusetzt!

Ich erlebe diese Anreicherung als einen extrem spannenden, dynamischen Prozess der inneren und äußeren Weiterentwicklung. Er erscheint mir als unablässiger Dialog mit mir selbst, mit nahe- oder ferner stehenden Menschen, mit Umständen der Gegenwart, Vergangenheit und Zukunft, mit veränderbaren und unveränderbaren Konstellationen, letztendlich mit der Schöpfung, dem Sein an sich, Tag für Tag neu.

Durch die unzähligen Aufs und Abs, die diese Welt für uns Erdenbürger bereithält, werden wir ständig auf Trab gehalten, hinzuschauen, zu verstehen und dazuzulernen. Immer wieder neu lädt uns der Augenblick ein, uns auf das, was da ist, einzulassen, es zu akzeptieren, es anzunehmen, so wie es sich zunächst zeigt ... und im nächsten Schritt sich eine erste bewusste Gestaltung dieses Momentes zuzutrauen und auszuprobieren: durch Denken, Fühlen, Spüren eine innere Haltung finden, den Perspektivwechsel durchspielen, eingreifen und zu gestalten wagen, oder die Entscheidung treffen, still zu sein, zuzulassen, zu warten, geduldig zu sein, im Vertrauen zu bleiben. Der Augenblick kennt meistens kein Patentrezept, sondern will immer wieder frisch begriffen und angefasst sein.

»Unter jedem Dach ein Ach«, dieses kurze, prägnante Sprichwort vertraute mir vor vielen Jahren eine Tiroler Bäuerin an. Ja, so ist das. Kein Mensch, ob jung oder alt, bleibt davon verschont, sich dem Schicksalhaften des Lebens zu stellen und seine persönliche Antwort darauf zu finden. Genauso wohnt unter jedem Dach Lebenskraft, Entwicklung, Wärme, Ringen um Glück, Aufbruch, Anstrengung, erkennbare und versteckte Liebe, Sehnsucht ...

Diese Dualität der Umstände durfte und darf ich in meiner eigenen Biografie immer wieder in überraschenden Konstellationen erfahren. Zunächst als Kind und Jugendliche, hineingeboren in einen Familienkontext, der mir neben großer Unterstützung, Sicherheit, Werten und Liebe auch zahlreiche Hindernisse mitgab, um in mein eigenes Leben zu finden. Als junger Mensch musste ich schon früh meinen eigenen, intuitiven Wahrnehmungen und Entscheidungen vertrauen, um über Klippen hinweg in eine erste eigene Spur zu finden. Rückblickend bin ich fasziniert davon, wie sich schon frühzeitig in mir eine eigene Art entwickelt hat, mit persönlichen Stärken und Schwächen umzugehen. Ich fühlte mich als Kind wenig resilient, eher hoch sensitiv, leicht schreckhaft, doch auch zäh und beständig. Aus dieser noch instabilen Wesenskraft heraus habe ich früh eine wesentliche Entscheidung getroffen: »Ich möchte in ein glückliches Leben finden.«

Dieser Grundgedanke hält mich dazu an, mich Umständen nicht leichtfertig oder unbedacht zu überantworten, sondern Eigenverantwortung zu übernehmen, Dinge zu hinterfragen, um auf eigene Interpretationen und Gestaltungen zu stoßen. Das hilft mir, knifflige Konstellationen, Probleme und Blockaden, die oft aus mangelnder Erfahrung und Fehlentscheidungen meinerseits resultierten, zu etwas Gutem zu wenden. Zunächst probiere ich, meine eigenen Potenziale zu nutzen, so weit es geht … Oft stoße ich dabei an Grenzen und habe gelernt, mich anderen Menschen anzuvertrauen und ihre Hilfe und Unterstützung dankbar anzunehmen. Entwicklung ist für mich ein ständiges Wechselspiel zwischen meinen Fähigkeiten und den Kräften und der Liebe anderer Personen, die mich weiter reifen lassen.

Mich interessiert es, persönlicher Entwicklung Form und Struktur zu verleihen. Was können wir uns selbst und anderen mitgeben, um durch die Strömungen und Untiefen des kleinen und großen Alltags versiert und behend hindurchnavigieren zu können? Über viele Jahre sammelte ich Erfahrungswerte zu Methoden und Inhalten der Menschenkunde und übte mich in Kartographie. Die Karten habe ich wieder losgelassen; fest in meiner Hand ruht aber der Kompass, der mir immerzu die fünf Dimensionen von Körper, Gefühl, Verstand, Seele und reflektierendem Bewusstsein in Erinnerung hält. Er ist mir eine zuverlässige, mehrperspektivische Betrachtungshilfe und Leitspur für Entwicklungs- und Handlungsfelder. Mit diesen wunderbaren Dimensionen meiner selbst Freundschaft zu schließen, sie zu entdecken und in ihre Tiefe, Weite und Größe mit allen Sinnen zu erforschen – das ist mein ganzes Glück geworden. Tiefe, präsente Verwurzelung in mir selbst und in der Schöpfung, die mir dieses kostbare Gut Leben geschenkt hat, ermöglichen mir Offenheit und Spielfreude in der Begegnung mit jedwedem.

Resilienz ist ein Synonym für den Fels, den ich in mir spüre und den ich in vielen anderen Menschen wahrnehme. Immer besser gelingt es mir, mich unter Druck zu stabilisieren. Keine innere Schnappatmung und »Ja, aber – Hilfe! – alles zu viel«-Stimmung. Nein, eher ruhiges Erforschen, was gerade passiert und was ich persönlich zur Verbesserung der Situation beitragen kann.

Welch wundervolle Fähigkeit hat uns das Leben mitgegeben, um uns selbst auszubalancieren, uns selbst zu heilen, uns in Verbindung zu setzen mit den eigenen und den Kräften anderer und der immanenten Weltenseele.

Mich erfüllt tiefer Respekt vor der Transformationsleistung vieler, vieler Menschen, aus Unglück und Kummer ein sinnhaftes, erfüllendes Leben zu gestalten. Albert Camus beschrieb es so: »Und im tiefsten Winter fand ich einen immerwährenden Sommer.«

Das Leben ruft uns, unsere eigene Sommerwiese zu finden und inmitten duftender Blumen, sich wiegender Gräser und schwebender Schmetterlinge tief ins Gras zu sinken.

Dank

Mein Dank geht an Joachim Galuska für den inhaltsreichen, sinnvollen, freundschaftlichen Austausch, ebenso wie an meine nimmermüde aufmerksam-kritisch unterstützende Lektorin Ingeborg Sachsenmeier, meinen mich insprierend-liebevoll umsorgenden Mann Georg Heimgärtner sowie Christa Richard, Heinold Pider und Christof Horn für gute Gespräche und wichtige Reflexionen. Das letzte halbe Jahr »Schreibzeit« war ungemein bereichernd und herausfordernd – Dank euch allen.

Der Weg des Lebens
Persönlicher Abschluss von Joachim Galuska

Individuelle, organisationale und gesellschaftliche Resilienz gründen für mich letztlich in einer Wertschätzung und Entfaltung des Lebens selbst.

Was geschieht, wenn wir inmitten unseres Lebens aufwachen, inmitten dieses Momentes, und ihm nichts entgegensetzen? Dann spüren wir unsere lebendige Präsenz, unsere lebendige Anwesenheit.

Was spüren wir, wenn wir inmitten dieses Moments, in dieser Präsenz ganz offen sind und in völliger Offenheit verweilen? Dann spüren wir die Fülle dieses Moments, die Fülle dieser gesamten Erfahrung. Die innere Leere unserer schwebenden Offenheit lässt uns die Fülle spüren unserer Sinneserfahrungen, unserer Empfindungen und Gefühle, unseres Bewusstseins.

Und wie ist es, uns an diese Fülle hinzugeben, uns ganz ausfüllen und erfüllen zu lassen von der Fülle des Lebens, uns ergreifen zu lassen von seiner Intensität, seinen Lebensenergien, dem Strömen, das von innen heraus diese Lebenserfahrung hervorbringt und weiterentfaltet? Es ist zumindest belebend, wahrscheinlich auf eine innerste Weise ästhetisch, einfach schön und lustvoll, schließlich sogar ekstatisch. Das Leben von innen her in seiner überfließenden Fülle und Schönheit zu spüren ist letztendlich Ekstase, Teilhabe an der Freude des Lebens an sich selbst, am Geschmack des sich entfaltenden Lebensstromes. Vieles könnte man an dieser Stelle sagen über Lebensfreude und Lebenslust, über Schönheit und Ästhetik. Sie wecken jedenfalls unser Herz und lassen uns dem Leben zuwenden, das Leben annehmen und lieben. Unser Herz zu öffnen und uns verbunden sein zu lassen mit den Menschen, der Natur, der Welt und dem Göttlichen und Unbekannten, erleichtert es enorm, auch das Leben anzunehmen, sich mit ihm verbunden sein zu lassen und es dann zunehmend in seinem Innersten zu spüren und sich von ihm ergreifen und führen zu lassen.

Mit dem Leben verbunden zu sein bedeutet, es ganz anzunehmen,

> nicht nur in seiner Schönheit, sondern auch in seinem Schrecken, wie Rilke schreibt (1899),
>
> nicht nur in seiner Leichtigkeit, sondern auch in seinem Ernst, wie Rilke ebenfalls schreibt,
>
> nicht nur in seiner Lebensfreude, sondern auch in seinem Schmerz und seinem Leid,
>
> nicht nur in seiner Tiefe, sondern auch in seiner Oberfläche,
>
> nicht nur in seiner individuellen Entfaltung, sondern auch in seiner kollektiven Verbundenheit.

Den Weg des Lebens zu gehen bedeutet auch, das eigene persönliche Leben anzunehmen, mich selbst anzunehmen als Ausdruck meines Lebens. Und das ist vielleicht das Schwierigste: mich und mein Leben vollkommen zu akzeptieren und anzunehmen, so wie es ist und so wie ich bin, ohne Ablehnung, ohne Widerstand. Es bedeutet nicht, alles gutzuheißen oder schön zu finden, sondern eher: es hinzunehmen, zunächst einmal sein zu lassen, zu spüren wie es ist, mit allen seinen Licht- und Schattenseiten. Und es ist eben ein Sich-mittenhinein-Stellen in dieses Leben, ein Aufwachen in diesem Fluss meines Lebens und ein Vergegenwärtigen, wie es sich anfühlt und wie es ist, in dieser Zeit, auf diesem Planeten, in dieser Familie, in dieser Kultur geboren zu sein und als Mensch in dieser Form zu leben. All dies ist Ausdruck des Lebens und gehört zu meinem persönlichen und individuellen Leben. Und wenn ich es spüre und erkenne und zu mir nehme, dann finde ich mich selbst darin und entdecke, dass ich mich darin bewegen kann. Und ich spüre, welches ungeheure Potenzial in diesem Leben als Mensch liegt, welche Möglichkeiten ich besitze, welche Kompetenzen, mein eigenes Leben zu gestalten und die Welt zu verändern. Wenn ich mein Leben ganz annehme, steht mir auch meine gesamte Lebensenergie zur Verfügung, meine gesamte Schaffenskraft, mein gesamtes schöpferisches Potenzial. Ich kann spüren, wie ich in meinem Leben wirken kann, verändern kann, gestalten kann, wie ich dabei an Grenzen stoße, aber auch Grenzen überwinde. Ich kann diesen kreativen Prozess des Lebens von innen her wahrnehmen und in meinem Leben zum Ausdruck kommen lassen. Und wenn ich mein Leben lieben lerne und mich mit ihm verbunden fühle, dann spüre ich diese immense und unmittelbare Verantwortlichkeit, die ich mir und meinem Leben gegenüber besitze, mein Leben auf eine lebenswerte Weise zu gestalten.

Den Weg des Lebens zu gehen heißt, das Leben in allen seinen Facetten zu durchdringen und zu verinnerlichen, das Leben von innen her zu spüren und zu leben. Unsere Bewusstseinsentwicklung kann dazu dienen, das Leben immer tiefer und weiter zu verstehen und zu durchdringen. Je höher entwickelt die Bewusstseinsstruktur ist, umso tiefer und umfassender ist das Verständnis des Lebens, umso mehr geschieht eine Verbundenheit und schließlich ein Einswerden mit dem Lebensstrom und dann auch mit der Intelligenz, die das Leben so sein und leben lässt, wie es eben lebt, die es konfiguriert und strukturiert. Und je mehr dieses Verinnerlichen geschieht, dieses vergegenwärtigte Leben zu leben, umso größer und tiefer ist die Freiheit und umso umfassender ist das Potenzial, es zu entfalten.

Den Weg des Lebens zu gehen bedeutet, nicht nur das eigene persönliche Leben anzunehmen, sondern auch zu spüren, wie es ist, Teil einer lebendigen Gemeinschaft von Lebewesen zu sein, die eben gerade leben. In dieser offenen Präsenz zu schweben, bedeutet zu spüren, wie es ist, inmitten von Leben zu sein, wie es Albert Schweitzer tat. Das Leben der Lebewesen um mich herum zu spüren und zu realisieren, wie das Leben sich in allen Lebewesen ereignet, lässt mich teilhaben an der Fülle der lebendigen Entfaltungen dieser Evolution. Sie eröffnet mir einen ungeheuren Reichtum an Erfahrungen und eine unermessliche Vielfalt und Tiefe von Begegnungsmöglichkeiten. Sie weckt aber auch mein Mitgefühl für all das Schmerzliche, Leidvolle, Verirrte und Verwirrte. Und sie lässt mich meine Mitverantwortlichkeit spüren für diese Gemeinschaft, zu der ich gehöre, allein deshalb, weil ich gerade in und mit ihr lebe. Sie lässt mich meine Teilhabe an allem Leben und letztlich an der gesamten Evolution spüren, denn sie ist ja auch Ausdruck des Lebens. Sie lässt mich diese kollektive Qualität, diese Gemeinschaftlichkeit, diese Zusammengehörigkeit unmittelbar spüren. Nicht nur ich lebe, sondern wir leben und ich gehöre dazu! Wir leben, wir leben als Familie, wir leben als Arbeitsgemeinschaft, wir leben als Gesellschaft, wir leben als Menschheit, wir leben als Gemeinschaft aller Lebewesen, wir leben als Natur, wir leben als Kosmos. Wir sind diese kosmische und universelle Intelligenz, die eben so lebt und sich entfaltet.

Es ist letztendlich kein Verlust, sein Leben hinzugeben an diesen kollektiven Lebensprozess, sein Leben in den Dienst der Gemeinschaft zu stellen, zu der man gehört. Das Leben gibt uns frei, unser Leben individuell zu entfalten, aber es ist enorm bereichernd, unser Leben gemeinsam zu entfalten. Wenn wir danach fragen, was uns Menschen am meisten erfüllt, sind es Partnerschaft und Familie und eine sinnvolle Arbeit, die ja immer etwas für andere Menschen tut. Sowohl aus der Sicht der Bewusstseinsentwicklung als auch aus Sicht der gemeinsamen Lebensgestaltung ist die Mitverantwortung und die Mitwirkung an unserer Kultur – also unserem gemeinsamen Bewusstseins- und Lebensfeld – eigentlich eine selbstverständliche und natürliche Haltung.

Bewusstseinserforschung als Entwicklungsweg führt aber etwas eher zur individuellen Entfaltung, zur individuellen inneren Befreiung und zur individuellen Verwirklichung und Anwendung der gewonnenen Einsichten. Lebenserforschung führt eher zur Lebensbejahung und zur »Ehrfurcht vor dem Leben«, wie Albert Schweitzer (2013) schreibt, und das meint sowohl mein persönliches Leben als auch alles Leben.

Die eigentliche Lebenskunst besteht nicht nur darin, mein eigenes Leben kreativ und erfüllt zu leben, sondern es im Einklang mit allem Leben zu gestalten. Um es einmal poetisch auszudrücken: »Meine Melodie in der Symphonie des Lebens zu spielen«. Mein Leben und unser Leben gehören untrennbar zusammen. Jeder von uns erleidet sein eigenes Leben und unser gemeinsames Leben. Jeder von uns genießt sein eigenes Leben und unser gemeinsames Leben. Und wir können gemeinsam großartige Lebenskunstwerke schaffen, großartige Symphonien miteinander improvisieren, wenn wir nicht so viel Lärm machen und mehr auf die Töne und Klänge der anderen lauschen.

Darauf scheint mir der Sinn des bewusst gewordenen, des vergegenwärtigten Lebens hinauszulaufen: Mithilfe meiner gesamten Intelligenz, meiner intuitiven Kompetenz, verankert in meiner Seele und meiner lebendigen Offenheit, verbunden mit der Welt und diesem evolutionären Prozess mein Leben und unser Leben zu gestalten und bewusst weiterzuentwickeln. Und dies ist keine moralische Forderung, sondern ein tiefes inneres Gespür, eigentlich sogar eine Gnade, ein großes Geschenk, ein solches Leben gegenwärtig leben zu dürfen. Also: Was wollen wir tun, und zwar weil wir es wirklich wollen, weil wir diese Verantwortlichkeit spüren, weil wir diese Liebe zum Leben spüren, weil wir es gerne tun wollen oder weil wir Mitgefühl besitzen, weil etwas uns berührt oder empört oder weil es Freude macht und uns begeistert?

An dieser Stelle inmitten des Lebens, inmitten dieses evolutionären Prozesses sind wir letztlich frei. Wir sind zwar verbunden mit all dem, wir werden von all dem hervorgebracht und genau an die Stelle gestellt, an der wir eben stehen und leben. Aber wenn wir sie vergegenwärtigen, dann spüren wir eben auch die vollkommene und tiefe innere Freiheit, die in unserem Innersten liegt und die bei allen vorgegebenen Strukturen eben auch unser eigenes Leben und das dieser gesamten Evolution in sich trägt. Dann spüren wir, wie es ist, unbestimmt und offen zu sein, frei für unsere Kreativität, frei für etwas völlig Neues, nicht letztlich vorhersagbar. Und das ist das Schöne, dass unser Wollen letztlich freiwillig ist. Was bin ich bereit, freiwillig zu tun, freiwillig einzubringen, weil es mir am Herzen liegt, nicht weil ich mir persönlichen Profit davon verspreche? Oder wie viel persönlicher Profit ist wirklich erforderlich in all dem, was ich tue in meinem Leben, in all dem, was ich hineingebe ins Leben, weil ich es bereichern will, aufklären will, weiterentwickeln will, erlösen will und nicht weil ich unbedingt muss, sondern weil es mir am Herzen liegt, weil mir etwas weh tut oder mich etwas wirklich inspiriert?

Ich bin überzeugt davon, dass unser Leben reicher und erfüllter ist, wenn wir uns ihm nicht entziehen, wenn wir uns nicht nur zurückziehen in die Abgeschiedenheit und Stille im Inneren vom Äußeren, wenn wir uns nicht nur um uns selbst drehen und nicht nur nehmen, was wir kriegen können, sondern wenn wir bereit sind, uns ganz hineinzugeben, uns »nicht vorzuenthalten«, wie Martin Buber in seinem Aufsatz »Was ist zu tun?« (1919) schreibt. »Durchbrich deine Schalen, werde unmittelbar, rühre, Mensch, die Menschen an« (Buber 1953).

Ich persönlich halte dies nicht für eine Pflicht oder einen Imperativ, sondern für eine natürliche Bewegung des erwachten und vergegenwärtigten Lebens, dies freiwillig zu wollen. Es geschieht aus der Verbundenheit mit dem evolutionären Prozess. So wie viele Menschen früherer Zeiten und auch gegenwärtig mein Bewusstsein und mein Leben bereichern, möchte ich auch meinen Teil zu ihrem Leben und dem der folgenden Generationen beitragen. Vielleicht erleiden die Menschen der Zukunft dann nicht nur unser Erbe, sondern freuen sich auch daran. Denn natürlich will das

Leben auch spielen und lachen und tanzen. Und all das bereichert unser gemeinsames Leben und erfüllt es mit Lebendigkeit, Fülle und Glück.

Dank dir, Kéré, für die wundervolle und unkomplizierte Zusammenarbeit und Danke an Sie, liebe Leserinnen und Leser, wenn Sie bis hier gekommen sind …

Literatur

Ax, Christine: *Die Könnensgesellschaft.* Mit guter Arbeit aus der Krise. Berlin: Rhombos 2009
Buber, Martin: *Was ist zu tun?* Frankfurt am Main: Rütten & Loening 1919
Buber, Martin: *Hinweise.* Zürich: Manesse 1953
Freire, Andy: *Persönliche Wege von Unternehmensberatern.* In: Wielens, Hans: Führen mit Herz und Verstand. Authentisch und integral zu einer neuen Kultur der Unternehmens- und Personalführung. Bielefeld: Kamphausen 2006
Gansch, Christian: *Vom Solo zur Sinfonie.* Was Unternehmen von Orchestern lernen können. Frankfurt am Main: Eichborn 2006
Gebser, Jean: *Ursprung und Gegenwart.* München: dtv 1973
Hauff, Michael von (Hrsg.): *Die Zukunftsfähigkeit der Sozialen Marktwirtschaft.* Marburg: Metropolis 2007
Kobjoll, Klaus: *Tune.* Neue Wege zu Kundengewinnung und -bindung. Zürich: Orell Füssli 2004
Kohlberg, Lawrence: *Die Psychologie der Moralentwicklung.* Frankfurt am Main: Suhrkamp 1996
Leggewie, Claus: *Begegnungen mit dem Unvorhergesehenen.* In: Zehnder, Egen: International Focus. 01/2010, S. 26
Loy, David: *Nondualität.* Frankfurt am Main: Fischer Krüger 1998
Nefiodow, Leo A.: *Der sechste Kondratieff.* Wege zur Produktivität und Vollbeschäftigung im Zeitalter der Information. Die langen Wellen der Konjunktur und ihre Basisinnovation. Sankt Augustin: Rhein-Sieg. 6. Auflage 2007
Perlas, Nicanor: *Die Globalisierung gestalten.* Frankfurt am Main: Info3 2000
Radermacher, Franz Josef: *Balance oder Zerstörung.* Ökosoziale Marktwirtschaft als Schlüssel zu einer weltweiten nachhaltigen Entwicklung. Wien: Österreichischer Agrarverlag 2002
Ruckriegel, Karlheinz: *Glücksforschung.* Erkenntnisse und Konsequenzen für die Zielsetzung der (Wirtschafts-) Politik. In: Thomas Sauer (Hrsg.): Ökonomie der Nachhaltigkeit. Grundlagen, Indikatoren, Strategien. Marburg: Metropolis. 2. Auflage 2013
Saint-Exupéry, Antoine de: *Wind, Sand und Sterne.* Düsseldorft: Karl Rauch. 25. Auflage 1999
Schweitzer, Albert: *Die Ehrfurcht vor dem Leben.* Grundtexte aus fünf Jahrzehnten. C. H. Beck München. 10. Auflage 2013

Secretan, Lance: *Ganz oder gar nicht.* Die sechs Prinzipien bewusster Führung und die Kunst, Unternehmen vom Sand im Getriebe zu befreien. Bielefeld: Kamphausen 2007

Seligman, Martin: *Flourish – Wie Menschen aufblühen.* Die Positive Psychologie des gelingenden Lebens. München: Kösel 2012

Sommerhoff, Benedikt: *EFQM zur Organisationsentwicklung.* München: Carl Hanser 2013

Soros, George: *Die Krise des globalen Kapitalismus.* Frankfurt am Main: Fischer 2000

Welter-Enderlin, Rosmarie/Hildenbrand, Bruno: *Resilienz.* Gedeihen trotz widriger Umstände. Heidelberg: Carl Auer. 4. Auflage 2012

Wellensiek, Sylvia Kéré/Kleinschmidt, Carola: *Ressourcenförderung in Zeiten ständigen Wandels.* Gütersloh: Bertelsmann Stiftung 2013

Wilber, Ken: *Eros Kosmos Logos.* Eine Jahrtausend-Vision. Frankfurt am Main: Fischer. 5. Auflage 2011

Yunus, Muhammad: *Social Business.* Von der Vision zur Tat. München: Hanser 2010